U0338182

国家科技重大专项项目(2016ZX05043-004-001)资助
江苏省自然科学青年基金项目(BK20180636)资助
国家重点基础研究发展计划(973 计划)项目(2015CB251602)资助
中国矿业大学"双一流"建设自主创新专项项目(2018ZZCX04)资助

注气开采煤层气多场耦合模型研究及应用

马天然　刘卫群　李福林　杨　睿　著

中国矿业大学出版社

·徐州·

内 容 提 要

注气开采不但能够通过地质封存 CO_2 来有效缓解温室效应,而且有助于提高煤层气的开采效率和产量。本书综合利用室内试验、理论分析和数值模拟等方法对注气开采过程中涉及的多相流、多成分运移和多物理场耦合作用进行了系统研究。首先研究了煤样渗透率随围压和孔压变化的规律,进行了 CO_2 注气增采上覆层变形相似模拟实验。然后建立了均质煤岩和裂隙煤岩的渗透率模型,在此基础上利用TOUGH-FLAC数值模拟现场五点式注气开采过程。最后开展了注气开采诱发断层滑移的可靠性分析。

本书可供从事油气工程、地质资源与地质工程、采矿工程、工程力学等专业的科技工作者、研究生参考使用。

图书在版编目(C I P)数据

注气开采煤层气多场耦合模型研究及应用 / 马天然
等著. —徐州:中国矿业大学出版社,2019.11
    ISBN 978 - 7 - 5646 - 3227 - 4

    Ⅰ.①注…　Ⅱ.①马…　Ⅲ.①煤层－地下气化煤气－
油气开采　Ⅳ.①P618.11

中国版本图书馆 CIP 数据核字(2019)第 267964 号

书　　名	注气开采煤层气多场耦合模型研究及应用
著　　者	马天然　刘卫群　李福林　杨　睿
责任编辑	杨　洋
出版发行	中国矿业大学出版社有限责任公司
	(江苏省徐州市解放南路　邮编 221008)
营销热线	(0516)83884103　83885105
出版服务	(0516)83995789　83884920
网　　址	http://www.cumtp.com　E-mail:cumtpvip@cumtp.com
印　　刷	江苏凤凰数码印务有限公司
开　　本	787 mm×1092 mm　1/16　**印张** 6.75　**字数** 170 千字
版次印次	2019 年 11 月第 1 版　2019 年 11 月第 1 次印刷
定　　价	40.00 元

(图书出现印装质量问题,本社负责调换)

前　言

CO₂注气开采(CO₂-enhanced coalbed methane)，简称 CO₂-ECBM，不但能够通过地质封存 CO_2 来有效缓解温室效应，而且有助于提高煤层气的开采效率和产量，是目前国内外学者研究的热点，也是我国实现环保和能源战略的重要途径。本书以此为研究背景，利用自主研发的气体渗透率测试系统，测定煤样渗透率随围压和孔压变化的规律。依据止水条注水与煤层注气的膨胀类比关系，开展 CO_2 注气增采上覆层变形相似模拟实验。建立以应力为变量的动态孔隙率和渗透率的计算方法，并修正模拟软件 TOUGH2-7C(ECBM)的相应模块，进行注气开采流-固-热(THM)耦合分析。建立计入裂隙法向应力和剪胀效应的各向异性渗透率模型，设计了 TOUGH-FLAC 集成计算模拟方法。数值模拟研究了不同主控因素对注气开采效率的影响规律。在模拟研究基础上，进行了注气开采诱发断层滑移的可靠性分析。

试验分析和计算表明，煤样渗透率随孔压增大有增大的趋势，止水条类比试验是间接预测 CO_2 压注时覆岩变形的简便实用方法，距离注气口越近，覆岩变形越明显，变形与距离成负指数关系。模块修正后的 TOUGH2 程序的计算效率和收敛性明显改善，TOUGH-FLAC 集成算法模拟渗透率和孔压变化更符合实际。非恒温注气初期，注气井口更容易发生破损和气体逃逸。煤层渗透率是影响注气开采效率的主要参数。水力压裂和二次压裂在提高注气效率的同时可以有效减轻对注气井口的损伤，二次压裂甚至可以使产气量增幅达32.5%。断层活化和微震频率与断层倾角、渗透率密切相关，倾角越大、渗透率越小的断层越容易活化。目前参数条件下，注气250 d有诱发断层滑移和微震的可能性，滑移量为 0.35 m、震级 3.4 左右。

限于作者水平，书中不妥之处请广大读者批评指正。

作者

2019 年 5 月

目　　录

1　绪　　论

1.1　研究背景及意义

煤层气俗称瓦斯,主要成分为甲烷(含量超过 85%),是在成煤过程中生成并以吸附状态赋存于煤层的自储式天然气[1-2]。煤层气产业是一种新的洁净能源产业。煤层气具有巨大发展潜力,可替代其他正不断减少的烃类资源。煤层气勘探和开发正逐步在全球范围内展开。我国煤层气资源丰富,预计到 2020 年煤层气探明储量约 8.74×10^{11} m³。

2006 年,我国正式提出将煤层气开采商业化,重点开发华北沁水盆地和鄂尔多斯盆地东缘等地区。该地区煤层气资源最为富集,总储存面积高达 3.9 万平方公里;甲烷含量高,大于 95% ;可采性好,2 000 m 内的浅层资源储量占全国三分之一[3]。由于我国内部能源需求和消耗量逐年增加,为了缓解供给压力,2015 年 2 月 3 日国家能源局发布了《煤层气勘探开发行动计划》,明确了"十三五"时期我国煤层气产业的主要任务:2020 年,我国将新增煤层气探明地质储量 1 万亿立方米,要求产量力争达到 400 亿立方米,其中地面开发 200 亿立方米且基本全部利用。煤矿瓦斯抽采 200 亿立方米,利用率达 60% 以上。

为了从不同类型的煤储层有效地开采出煤层气,设计了垂直井、定向井、多分支水平井和 U 形水平井等不同钻井方案[4-7]。对于埋深较大和渗透率较低的煤层,需要采用压裂储层的方法才能实现规模开采。目前常用的煤层气压裂技术主要有水力压裂[8-10]、泡沫压裂[11]、清洁压裂液、泡沫压裂、缓速酸压裂液和水平井分段压裂[12]。与此同时,开采煤层气前需采用排水降压的方法将储层压力降低至临界解吸压力值,促使吸附在基质块表面的煤层气在浓度梯度的驱使下扩散至割理系统的原生裂隙和压裂产生的次生裂隙中,从而被有效地开采至地面。

为了提高煤层气采收率,将 CO_2 注至煤层的方法被提出(CO_2-enhanced coalbed methane,简称 CO_2-ECBM)。该方法在提高煤层气开采效率的同时将温室气体 CO_2 封存于煤层中,从而减少 CO_2 的排放量。我国 CO_2 排放总量占世界总排放量的四分之一。2014 年 11 月 12 日中美双方签订《中美气候变化联合声明》,中方计划 2030 年左右 CO_2 排放量达到峰值且将努力早日达峰,并计划到 2030 年非化石能源占一次能源消费比例提高到 20% 左右。CO_2 捕集和封存(carbon capture and storage,简称 CCS)是温室气体大幅减排的有效方法之一。CO_2 地质封存主要包括盐水封存、煤层封存和油气封存,如图 1-1 所示。注气开采过程中,以采气为例,由于气体不断被采出,储层压力将逐渐降低同时导致有效应力增加,进而加剧了割理系统中裂隙压缩量,并降低了渗透率。同时,储层压力的降低将引起基质吸附态煤层气的解吸,收缩的基质将增大面割理和端割理的张开度和渗透率。开采过程中,渗透率是决定煤层气开采量的重要参数之一。因此,正确认识煤层气开采过程中由于储层压力波动和基质变形引起的渗透率变化规律,对于煤层气的开采至关重要。

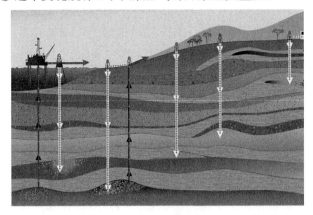

图 1-1　CO_2 地质封存示意图

　　与单纯的煤层气开采相比较,CO_2-ECBM 的过程更为复杂。注气增采过程中涉及多相流(multi-phase)、多成分气体吸附和扩散(multi-component)和多物理场耦合(multi-physical)等问题,简称 M^3 问题。本书将研究煤层气常规开采和注气增采过程中涉及的 M^3 问题,较为全面地描述 CO_2 注气增透技术,重点研究注气开采的效率以及诱发断层活化和微震等地质灾害问题。

1.2　国内外研究现状

1.2.1　渗透率模型进展

　　煤层气与常规天然气储藏机理有诸多差异,煤岩由基质系统和割理系统组成[13-16]。极少部分的煤层气游离于割理系统的裂隙中,剩下的绝大部分(95%~98%)吸附于煤岩基质块的微孔固体颗粒表面。开采煤层气之前,需要注入大量的高压液态水。利用水力压裂煤层导通原生裂隙,增加煤层的贯通性和渗透性。然后是排水降压阶段,注入的压裂水和储层中的水会通过裂隙流动至井筒,不断降低储层压力直至达到临界解吸压力[17]。在气体浓度梯度驱使下,吸附在基质块表面的煤层气扩散至割理系统的原生裂隙和压裂产生的次生裂隙中。随着开采的进行,储层孔隙压力逐渐降低从而有效应力增大,煤岩的渗透性降低。煤层气不断从基质表面解吸,基质收缩变形,这是非常规气开采中特有的力学响应。基质收缩变形将促进裂隙增宽而导致渗透率增大。在整个开采过程中,收缩变形对渗透率和开采量的预测起到了极其重要的影响[18]。

　　孔隙率和渗透率等物理量的变化将影响储层力学行为。水力响应的动态耦合特性影响储层中水气两相的流动属性和孔隙压力的变化特征。在经典的渗流力学和岩石力学中,仅考虑流动状态的变化和岩石力学的变形损伤特征,忽略流体运移和岩石变形之间的耦合作用,计算结果存在一定误差。因此,煤层气的开采必须考虑流体(煤层气和水)在多孔介质中的流动规律对孔压变化的影响以及流动对储层应力和应变场的影响,即渗流场和应力/应变场之间的水力耦合行为。

S. Harpalani 等[19-21]采用实验手段研究了煤岩吸附对渗透率的影响,发现基质块收缩引起的应变正比于岩体的体积应变量,同时体应变正比于煤层气吸附总体积量。按照渗透率模型的推导过程,动态渗透率模型可分为应变型和应力型[22]。应变型渗透率模型中假设孔压波动和基质解吸(吸附)变形将全部转化为孔隙的变形量,孔隙率是应变的函数,假设渗透率比率与孔隙率比率满足三次方定律,从而可推导出相应的渗透率模型;应力型渗透率模型则通过孔隙改变量计算出相应的应力量,假设渗透率与应力满足指数关系[23],推导出渗透率与应力相关的函数表达式。

经典的渗透率模型有 I. Gray 模型[24],J. R. Seidle 和 L. G. Huitt 模型(S&H 模型[25]),Z. J. Pan 和 L. D. Connell 模型(P&C 模型[26]),I. Palmer 和 J. Mansoori 模型(P&M 模型[27]),R. Moore 和 I. Palmer 模型(M&P 模型[28]),A. Gilman 和 R. Beckie 模型(G&B 模型[29]),J. Q. Shi 和 S. Durucan 模型(S&D 模型[30]),X. J. Cui 和 R. M. Bustin 模型(C&B 模型[31])。此类模型中假设煤层处于单轴压缩状态且垂直方向应力保持不变,从而推导出渗透率的理论表达式。相应的渗透率模型方程和分类见表 1-1。

表 1-1　渗透率模型方程和分类

模型	表达式	类型
Gray	$\Delta\sigma_x = \dfrac{E}{1-\mu}\dfrac{\Delta\varepsilon_{vc}}{\Delta p_{vc}}p_{vc} - \dfrac{\mu}{1-\mu}$	应变
S&H	$\varphi = \varphi_0 + \varphi_0\left(1+\dfrac{2}{\varphi_0}\right)\varepsilon_L\left(\dfrac{bp_i}{1+bp_i} - \dfrac{b}{1+bp}\right)$	应变
P&M	$\varphi = \varphi_0 + C_m(p-p_0)\varepsilon_L\left(\dfrac{K}{M}-1\right)\left(\dfrac{b}{1+bp} - \dfrac{bp_0}{1+bp_0}\right)$	应变
M&P	$\varphi = \varphi_0 + \dfrac{gE(1+\mu)(1-2\mu)}{1-\mu}(p-p_0)\varepsilon_L\dfrac{2(1-2\mu)}{3(1-\mu)}\left(\dfrac{b}{1+bp} - \dfrac{bp_0}{1+bp_0}\right)$	应变
G&C	$k = k_0\left(1+\dfrac{a}{b}\varepsilon_l\right)$	应变
S&D	$\Delta\sigma_h = -\dfrac{\mu}{1-\mu}\Delta p + \dfrac{E}{3(1-\mu)}\varepsilon_L\left(\dfrac{p}{p+p_L} - \dfrac{p_0}{p_0+p_L}\right)$	应力
C&B	$k = k_{0exp}\left\{\dfrac{3}{K_p}\left[\dfrac{1+\mu}{3(1-\mu)}(p-p_0) - \dfrac{2E}{9(1-\mu)}\varepsilon_L\left(\dfrac{p}{p+p_L} - \dfrac{p_0}{p_0+p_L}\right)\right]\right\}$	应力

E. P. Robertson[32]将煤岩视为立方体,考虑了孔隙压力引起有效应力改变量和基质吸附引起的孔隙压缩变形,推导出煤层割理渗透率方程。L. D. Connell[33]从广义多孔弹性本构方程出发,建立了三轴应变/应力条件下的煤样渗透率解析模型。H. H. Hui 和 J. Rutqvist (H&R 模型[34])考虑了基质和裂隙之间的相互作用和吸附/解吸引起的内正应力对张开度的影响。J. S. Liu 等[35]考虑了基质和裂隙宽度之间的动态作用,从局部吸附/解吸机理出发,解释了宏观吸附/解吸现象。

上述渗透率模型的推导均建立在渗透率各向同性的基础上。实际中,煤岩割理、端割理、基质力学属性和尺寸以及煤层所处的应力状态的各向异性,决定了煤岩渗透率分量变化差异很大。G. X. Wang[36]在各向异性渗透率模型推导过程中考虑了煤岩割理结构和属性(弹性模量、吸附变形等)的影响。R. Moore 和 I. Palmer(M&P 模型[28])在考虑了煤岩骨架弹性模量和泊松比的各向异性基础上,建立了渗透率与孔压的函数关系,很好地解释了 San Juan 盆地渗透率的变化规律。F. G. Gu 和 R. Chalaturnyk(G&C 模型[37])将煤岩视为非连续介质,考虑了煤岩初始渗透率、吸附系数、基质块弹性模量以及割理刚度的各向异性。

1.2.2　注气增采技术

　　煤层气的开采主要依靠煤层和井口之间的压力差,在压力梯度驱使下,吸附态和游离态煤层气不断被开采出来。随即,由于储层孔隙压力不断降低,后期开采量明显下降。在煤岩储层中注入气体(如 N_2、CO_2、压缩空气、惰性气体或者其他工业废气)可提供额外的驱动力促进煤层气解吸、扩散和渗流,从而提高开采速率。

　　注入 N_2 是由于 N_2 能够确保煤层系统总压力在整个开采过程中基本保持不变甚至有所增加。较大压力差的存在,促进甲烷能够充分解吸并流至割理系统中。利用注入 N_2 的工业技术,近 90% 的甲烷能够从基质中解吸而被开采。首次 N_2-ECBM 的现场测试是由美国 BP-Amoco公司在 1993 年完成[38]。现场试验采用五点式注入方案且将开采井安置在中心处。试验位于美国圣胡安盆地的东北部,每天注入 $5.66 \times 10^6 \sim 7.08 \times 10^6$ m^3 的 N_2。注气一个月后,开采量上升到 39.64×10^6 m^3/d 并且维持了将近一年[39];注入 CO_2 能够提高 CH_4 的开采量,主要是因为 CO_2 比 CH_4 具有更强的吸附性[40]。在高阶煤中,CO_2 的吸附能力是 CH_4 的 2 倍左右[39]。在低阶煤中,CO_2 的吸附能力能够高达 CH_4 吸附能力的 10 倍[41]。因此,CO_2 能够置换出吸附在基质上的 CH_4 分子,促进 CH_4 扩散至割理系统。图 1-2 为 CO_2-ECBM 现场开采示意图。

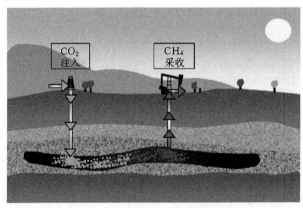

图 1-2　CO_2-ECBM 现场开采示意图

　　CO_2-ECBM 基本操作过程:将超临界或者液体 CO_2 通过垂直井或者水平井注入煤层中,注入的 CO_2 在煤层中经扩散、渗透和吸附等驱替 CH_4 并封存于煤层中[40]。目前,世界各国都先后开展了注入 CO_2 提高煤层气(CO_2-ECBM)开采量的现场试验[39,43]。美国在圣胡安盆地西南部艾利森地区建立了全球第一个 CO_2-ECBM 试验工程。到 1998 年,该地区煤层气生产量占全球的 75%[44]。加拿大在阿尔伯塔省进行其国家 CO_2-ECBM 现场试验,试

验结果表明将 CO_2 储存到低渗透率的煤层中不但减少温室气体的排放,而且有助于提高煤层气的采收率[45]。日本发现北海道岛、九州岛和半伊克-阿里亚克的煤层可安置 CO_2 分别占总量的 50%,14% 和 13%[46-47]。波兰于 2001 年在上西里西亚煤田建立了大规模的 CO_2-ECBM 项目[46]。S. Wong[48-49]在中国山西沁水盆地进行了单井小规模现场试验,采用储层模型成功地对现场数据进行了历史拟合和预测。刘延锋[50]对埋深在 $300\sim1\,500$ m 范围内的煤层 CO_2 储存潜力进行初步评估。评估结果显示煤层气可采量达 1.632×10^{12} m^3,大约可存储 $1.207\,8\times10^{10}$ t CO_2。L. D. Connell 等[51]描述了多分支水平在 CO_2-ECBM 中国山西盆地的现场测试,测试表明,随着 CO_2 不断置换出煤层中的 CH_4,储层的渗透率也随之降低。但是,在整个测试过程中注入率却没有明显的下降,这可能是由于测试时间比较短或者受多分支水平井的优势的影响。表 1-2 为部分国家的 ECBM 试井项目介绍[52]。

表 1-2　部分国家的 ECBM 试井项目

项目名称	国家	时间	CO_2注入量/t	煤层埋深/m
Allison	美国	至 1995 年	277 000	950
Tanquary	美国	至 2008 年	91	273
Lignite	美国	2007 年起	80	500
North Appalachian	美国	2003 年起	20 000(计划)	550
Center Appalachian	美国	至 2009 年	907	$490\sim670$
Black Warrior	美国	不详	252	$460\sim470$
Pump Canyon	美国	至 2009 年	16 700	910
ARC	加拿大	不详	200	
SEMP	加拿大	不详	10 000	
RECOPOL	波兰	2001 年起	760	$1\,050\sim1\,090$
Yubari	日本	至 2004 年	192	890
沁水 CO_2-ECBM	中国	2004 年起	884	578
柳林 CO_2-ECBM	中国	至 2011 年	460	560
华能 CO_2-ECBM	中国	2014 年起	1 000(计划)	>1 000

H. G. Yu 等[53]在单个注入井和生产井的理想假设条件下建立了 CO_2 置换 CH_4 实验装备。此装备可以物理模拟 ECBM 开采过程,利用此装备测试的气体吸附/解吸结果明显,不同于传统的体积测试结果。

X. J. Cui 等[54]将 CO_2 和 H_2S 混合气体注入煤层中置换 CH_4,模拟结果表明,吸附引起的体应变对储层应力和渗透率起着至关重要的作用。在开采 CH_4 过程中,渗透率提升至初始状态的 10 倍,CO_2 和 H_2S 的注入却导致渗透率几个数量级的降低,N_2 和 CO_2 混合气体的注入将有效控制这一现象。因此将 H_2S 注入煤储层中是一种不太实际的想法。酸性气体的吸附产生的高应力将会引起煤岩的破坏和滑移。随后,X. J. Cui 等[55]在大直径干燥煤样

中完成了超临界 CO_2 置换 CH_4 的实验。

S. Mazumder 等[56]开展了实时孔隙度和渗透率测量工作,研究了 CO_2/CH_4 不同吸附能力对煤层宏观分子结构的真实影响。

J. S. Bae 等[57]研究了相同高压条件(20 MPa)和不同温度条件时 CH_4 和 CO_2 的等温吸附能力。实验结果表明,托特方程能够准确地描述吸附气体的密度和煤层的孔隙体积。在273 K 温度下测得的煤岩表面体积能最准确地表示 CO_2 的吸附能力。注入的 CO_2 压力低于10 MPa 时能更有效地提高 CH_4 的开采速率。

K. Jessen 等[58]通过等温吸附实验发现 CO_2 在煤岩中的吸附能力约为 CH_4 的 3 倍。更为有趣的是,吸附能力不同,煤岩自身能够区分 CO_2 和 N_2。在 CO_2 含量较多的混合气体实验中,煤层气的初期产出率较低,混合气体随着煤层气被开采出所需时间较长。注入 N_2 含量较高的混合气体,煤层气产出率将很快达到峰值,但是在较短的时间内 N_2 将会随之被开采出。

S. Mazumder 等[59]在实验室内模拟了 CO_2/N_2-ECBM 过程中涉及的多相流、竞争吸附以及相应的岩石力学问题。实验结果表明,CO_2 与 CH_4 相比具有更强的溶解能力。在孔隙尺度下,CO_2 也更易吸附在煤层基质表面。相同煤阶时,煤样的惰性体和湿度严重影响 CO_2/CH_4 的吸附能力。通过一系列实验总结得出排水降压是 CO_2 置换煤层气开采的必要步骤。

M. S. A. Perera 等[60]采用实验和数值模拟的方法研究了注气压力、注入深度和煤层温度对煤层割理系统储存 CO_2 的效率的影响,研究结果表明,增加注气深度将会对割理性能产生负面影响,但温度却有正面影响。注气压力的影响依赖于注气的埋深。当注入压力较低时,提高温度将对割理的性能产生负面影响;注气压力较高时,高温将会提高气体在煤层割理中的通过率。

W. J. Lin[61]在定值有效应力条件下测量了孔压和注入气体时的煤样渗透率。结果表明,随着孔压的增大,渗透率将会减小;渗透率改变与注气成分有关。混合气体中,CO_2 含量的增加将会导致渗透率减小。在混合气体中加入 10%～20% 的 N_2 将会抑制渗透率的下降。

R. Pini 等[62]建立了一维的多成分单相(N_2,CO_2,CH_4)质量平衡方程,其中气体由流动态和吸附态组成。模型考虑了注气过程中孔隙率和渗透率与应力/应变之间的变化关系。模拟结果表明,N_2 的注入将会提高煤层气的开采速度,而 CO_2 的注入将会提高开采效率。

C. J. Seto 等[63]建立了两相流数学模型,包括三种气体成分模型和四种气体成分模型。模型分析结果表明,不同气体之间的置换能力取决于气体成分之间的相对吸附能力。

J. Q. Shi 等[64]利用帝国理工学院自主开发的 ECBM 软件 METSIM2 历史拟合了日本Yubari 测试区在 2004 年和 2005 年多井现场 ECBM 数据,结果表明,CO_2 注入煤层后在井口附近,煤层渗透率将会有一个数量级的降低。通过标定的储层变量和渗透率模型评估了N_2 注入测试,结果显示,N_2 的注入有助于使煤层渗透率提高两个数量级。

G. X. Liu 等[65]考虑了 CO_2 注入含水煤层中产生的结构变形效应,模拟结果表明,结构变形将导致毛细压力和气体的相对渗透率快速下降,从而直接降低了 CO_2 的储存量。

X. R. Wei 等[66]将动态多成分运移模型应用于研究 CH_4-CO_2-N_2 的扩散和流动行为,模拟结果表明,与仅注入 CO_2 比较,N_2 和混合气体的注入都会减少最终的煤层气开采量,这是因为 CO_2 到达开采端的时间相对较长。

H. E. Ross 等[67]建立了三维模型对 CO_2 封存在 Big George 煤层进行了研究。利用地质统计模型,考虑了煤层孔隙率和渗透率的非均值特征,历史拟合了现场煤层气开采数据,模拟结果表明,气体重力、浮力和基质膨胀等因素将会降低气体的注入率。在开采井下方的水平压裂裂隙有助于克服基质膨胀对开采率的负面影响。

A. Korre 等[68]研究了煤层厚度、孔隙率、渗透率以及吸附系数等储层参数的非均质性在 CO_2 地质封存性能预测有重大影响。

L. D. Connell 和 C. Detournay[69]耦合煤层气模拟软件 SIMED 和岩土工程软件 FLAC3D,研究了 CO_2-ECBM 过程应力/应变引起孔隙率和渗透率的变化规律,结果表明,煤层吸附引起的变形在水平方向上的差异将会导致垂直方向应力不同。并与 S&D 模型计算结果进行比较分析,结果表明,开采井附近的渗透率大于 S&D 模型的计算结果,而在注气井附近渗透率模拟值将小于 S&D 模型的计算结果。

X. J. Cui 等[55]研究了 CH_4 和 CO_2 在含有饱和水的煤层中的运移机理,发现 CH_4 和 CO_2 的运移机理主要由各自的吸附能力和溶解度决定。在温度低于 50 ℃ 的水中,CO_2 的溶解度是 CH_4 的 20 倍,但是由于 CO_2 具有较强的吸附能力,导致 CO_2 的流动效率只是 CH_4 的几倍而已,这一结果较好地解释了 CO_2 和 CH_4 在圣胡安盆地和粉河盆地的流动和分布情况。

K. C. Schepers 等[70]利用蒙特卡洛方法确定了关键地质和储层变量,利用 COMET3 模拟 CO_2 和 N_2 注入煤层对气体开采的影响,模拟结果表明,与仅注入 CO_2 或者混合气体相比,注入 100% N_2 注入将更有助于提高煤层渗透率。对于指定的煤阶,N_2 的注入将会大幅增加煤层气的开采量。与此同时,开采出的煤层气中含有高浓度的 N_2,表明 N_2 很快就从注入井流至开采井。

R. M. Bustin 等[71]通过数值模拟研究了 CO_2 吸附引起的煤基质膨胀变形对 CH_4 采出率和 CO_2 封存效率的影响,模拟结果表明,仅注入 CO_2 将会降低煤层的渗透率。注入 N_2 和 CO_2 的混合气体是提高煤层渗透率的有效方法。但是该方法是以牺牲 CO_2 封存量为代价。同时,模型讨论了煤层的地质环境和自身力学属性对煤层气的开采和 CO_2 的封存能力的影响。

S. Durucan 等[72]通过数值模拟研究了水平井在相对薄的煤层中 CO_2 置换 CH_4 的不同方案。由于 CO_2 注入率较低,CO_2 对煤层气开采率的提高是有限的。在 CO_2 中混入 N_2 会提高煤层气开采率,但是该方案将会降低 CH_4 的纯度。

E. Ozdemir[73]建立了煤层气开采和 CO_2 封存的数学模型。模型预测结果表明,井口底部压力从 15.17 MPa 下降到 1.56 MPa,气体的饱和度却上升至 50% 左右。注入 CO_2 时,CO_2 注入率首先降低,在注入 3~13 a 间其值稍微上升。

V. Vishal 等[74]利用 COMET3 模拟了冈瓦纳地区煤层 CO_2 置换煤层气,研究结果表明,注入 $2.18×10^8$ m^3 的 CO_2 可以置换出大约 $7.4×10^7$ m^3 的煤层气。

G. S. Bromhal 等[75]利用 COALCOMP 模拟了水平井注入 CO_2 和垂直井开采煤层气方案,结果表明,在热动态范围内 50%~70% 的 CO_2 被储存到煤层中,80%~97% 的煤层气流到井筒内。

在 E. Syahrial[76]自主研发 CO_2-ECBM 的模拟器中考虑了水气两相流、多种气体成分、煤层基质膨胀/收缩对渗透率的影响以及混合气体吸附特征,模拟结果表明,CO_2 注入煤层中将会引起井口附近煤岩渗透率减小一个数量级,从而降低了井口的注入率,预测结果与圣胡安盆地现场的观察结果吻合。

J. Q. Shi 和 S. Durucan[77]建立了煤层渗透率与基质体应变和气体吸附量之间的函数关系。新的渗透率模型考虑了混合气体注入引起的基质变形,成功拟合了在加拿大阿尔伯塔省芬恩大峡谷进行的 CO_2 和 N_2 现场注入的测试数据。

1.2.3　地质断层的影响

将 CO_2 注入煤层过程和注入后封存在煤层中的安全性是人们关注的重点。将 CO_2 注入煤层中,由于孔压的增加以及基质吸附引起的膨胀会对覆盖层产生附加应力,从而引起上覆岩层变形甚至损伤,继而为 CO_2 和未被置换出的 CH_4 泄露提供了新的通道。CO_2 和煤层气逃逸的方式有如下几种[78]:① 废弃井;② 贯通的断层和裂隙;③ 水动力表面迁移;④ 注气压力超过覆盖层的毛细管力。因此,注气开采过程中覆盖层的抗拉强度和抗压强度必须在注气现场的应力承受范围之内[79]。如果逃逸的气体流到含水层,将会对地下水资源和生态系统造成巨大的污染。近年来,学者们采用实验分析、现场测试和数值模拟等方法研究了 CO_2 在地下封存过程中逃逸或泄露对地下水资源的影响[80-85]。CO_2 如果通过断层逃逸到大气中,将加剧温室效应;而煤层气泄漏后逃逸到大气,将污染人类居住环境[86]。将 CO_2 注入煤储层中会发生化学反应进而改变煤岩本身力学行为。D. R. Viete 等[87-89]发现吸附 CO_2 后煤岩样本的弹性模量显著下降。D. R. Viete 和 P. G. Ranjith[90]所做三轴实验中煤岩抗压强度和弹性模量降低不明显。S. Hol 等[91]认为高围压条件下,煤岩吸附 CO_2 的能力降低。J. W. Larsen 等[92-95]研究结果表明,吸附态的 CO_2 对煤岩具有塑化作用,改变其内部的孔隙结构,这将有助于提高 CO_2 的封存量。

目前,关于 CO_2 注气对盖层完整性影响的研究,大多数集中于将 CO_2 注入盐水层[96-102]和枯竭的油气田[103-106]。J. Rutqvist[98]耦合了 TOUGH2 和 FLAC3D 软件,建立了 CO_2 存储过程中涉及的多相流-固体变形-温度的多场耦合模型。模拟结果表明,将 CO_2 注入过程中,由于有效应力在此处最大限度降低,岩石最容易破坏处是盖层底部。因此,盖层与储层(模型中为盐水层)接触处将会发生水力压裂,压力的增加导致地层应力的改变将会压裂盖层,其渗透率增大,从而为 CO_2 逃逸提供更有利的条件。同时,压裂导致地层中断层的活化与滑动。F. Cappa 等[107]在将 CO_2 注入含断层地质环境的模型中考虑了固体弹塑性的影响,模型计算结果表明,断层活化引起的剪应力将会提高其渗透率,增加近 13% 的 CO_2 从封存区逃逸,从而降低了封存效率。A. Mazzoldi 等[108]的研究表明,有效长度(1 km)的断层不会产生 7~7.9 级的大地震,但是会产生级别在 2~3.9 之间的微震。而微震的产生取决于初始地应力以及断层的方向和长度。所产生微震的级别,其中有些能够被人感知。A. P. Rinaldi 等[109]研究了盖层厚度对断层引发的微震以及 CO_2 逃逸的影响,模拟结果表明,薄的盖层导致聚集在断层附近的压力更大,将会引发级数较大的微震。同时,更多的 CO_2 将通过盖层逃逸到上方的含水层中。在多层盖层和含水层系统中,CO_2 逃逸量将会大大降低。在上述研究基础上,L. Urpi 等[110]考虑了断层滑移率与内摩擦角的关系以及断层活化过程中的惯性效应。B. N Nguyen 等[111]建立了三维多尺度模型,模拟结果表明,CO_2注气过程中储层中矿物质浓度的改变将会降低地层的渗透率和弹性模量,继而孔压增大和衍生出更多的裂隙。Q. Gan 等[112]研究了断层内核和损伤区渗透率以及注入温度对断层活化和滑移的影响,研究结果表明,断层内核渗透率对断层引发的地质活动影响较小;由于损伤裂隙区渗透率降低,引发断层活化的时间也将延后;注气温度和地层温度差值越大,断层二次滑移引发的微震震级越大。如果煤层所处地层中存在(未被监测的)断层,注入 CO_2 将会增加煤岩孔隙中的压力,可能导致地表沉降并造成上层结构变形和破坏[113-116]。更为严重的是,断层滑移将诱发微震[117]。如果含水层和煤层之间连通,不但增加了煤层排水以降低存储压力的难度,影响开采效率[117],而且会导致 CO_2 快速逃逸[118]。图 1-3 为 CO_2-ECBM 存储层结构和注入主要风险。因此,注气前后断层直接影响 CO_2 和 CH_4 吸附在储层中的效率和安全周期。在选择 CO_2-ECBM 地址时,应谨慎监测和严格评估煤层所在地质环境[79]。

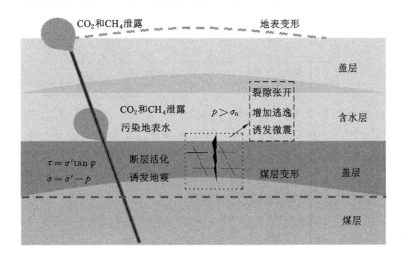

图 1-3　CO_2-ECBM 存储层结构和注入主要风险

1.2.4　煤层气及多场耦合数值模拟研究进展

赵阳升等[119-122]基于煤层瓦斯流动与煤层变形理论,建立了煤层开采时涉及的流固耦合模型,并进行数值模拟求解。杨天鸿等[123-124]根据瓦斯渗流、煤体变形以及岩体损伤基本理论,联合煤体孔隙变形与损伤演化的耦合作用,建立了考虑煤层吸附、解吸作用的含瓦斯煤岩固气损伤耦合作用模型。冯启言等[125]建立了二元气固耦合模型,并利用有限元软件 COMSOL 进行求解。模拟结果表明,在 CO_2 驱替 CH_4 过程中,CO_2 浓度明显增大,CH_4 浓度相应减小。同时,CO_2 的注入将减少吸附引起煤样膨胀的变形量。狄军贞等[126]在考虑煤层塑性变形影响的基础上,建立了煤层气、水和煤岩体固体颗粒耦合模型。陈俊国[127]在考虑残余有效饱和度与有效应力的关系的基础上,建立了气-液-固三相煤层气流动耦合模型,利用有限元 COMSOL 进行求解,模拟结果与现场煤层气开采历史数据匹配较好。张东晓课题组自主研发了非常规油气数值模拟软件 UNCONG,能够较为准确地描述裂缝系统和实现流固耦合[128-130]。

目前国际上非常规气开采的模拟软件主要有[131-132]:CMG(Computer Modelling Group

Ltd,加拿大)[133]，Eclipse，(Schlumberger GeoQuest，英国)[134]、COMET2/3，(Advanced Resources International，ARI，美国)[70]、SIMED II(Netherlands Institute of Applied Geoscience TNO and CSIRO,荷兰和澳大利亚)、GCOMP(BP,美国)、METSIM(英国帝国理工学院)、TOUGH2(美国劳伦斯伯克利国家实验室[135-137])。在模拟结果的基础上，Law 提供了非常规气开采模拟软件功能的对比[52]，见表1-3。

表 1-3　非常规气开采模拟软件功能对比

软件	多成分	双孔	扩散模型	吸附模型	动态渗透率	基质变形
CMG	√	√	√	√	√	√
Eclipse	×	√	√	×	√	×
COMET	√	√	√	√	√	√
SIMED	√	√	√	√	√	√
GCOMP	√	×	×	√	√	√
METSIM	√	√	√	√	√	√
TOUGH2	√	√	√	√	×	×

　　上述部分模拟软件考虑了基质吸附引起的膨胀或者解吸引起的收缩及渗透率和孔隙率在开采或者注气过程中的动态变化，软件采用的渗透率模型假设煤层处于单轴压缩状态，在此基础上推导出渗透率变化方程，此时的渗透率是以孔压为变量的表达式，避免了求解固体变形方程。此方法是单方向耦合，仅考虑了固体变形对流体的影响，却未考虑固体的力学响应。多场耦合软件 COMSOL 在煤层气开采中得到了广泛应用，可模拟煤层气和 ECBM 流固耦合过程。但目前建模时将煤层气开采过程中的流体简化为单一气体，然后进行数值模拟和求解[138-142]。部分文献考虑了水气两相的流动，却忽略了多成分气体的吸附和扩散行为[143]。在模拟 CO_2-ECBM 时往往不考虑煤层中水的影响[144]。建立三维模型进行求解时，COMSOL 对电脑 CPU 内存的消耗相当巨大，因此上述文献作者建立二维平面或应力模型来模拟三维实际问题。F. G. Gu 和 R. Chalaturnyk（Alberta）[22,37]，L. D. Connell[69] 和 J. Rutqvist[145-147] 分别将流体软件 CMG、SIMED 和 TOUGH2 与岩土工程软件 FLAC3D 进行了耦合。三者的思路基本相似：CMG、SIMED 和 TOUGH2 负责流体部分计算，FLAC3D 负责固体部分计算。在一个时间步长范围内，流体计算得到压力、温度和饱和度等变量，然后传递给 FLAC3D，随后在 TOUGH2 中更新渗透率、孔隙率和毛细压力等变量。

　　在将 TOUGH2 和 FLAC3D 耦合时，J. Rutqvist 提出了显式和隐式求解方法[148-149]。在显示求解过程中的单位时间段内，孔隙率和渗透率保持常数，等于该时间段的初值。通过 FLAC3D 计算得到的应力和应变值更新渗透率和孔隙率，作为下一个时间段的初值。CMG 和 SIMED 耦合 FLAC3D 也采用该处理方式。隐式求解的时间段内，孔隙率和渗透率在每次迭代过程中都随之更新，满足收敛条件时再传递到下一个时间段。很明显，与隐式求解相比，显式求解需要较少的内存，效率更高，因为数据在一个时间段内只需要循环一次。但是该求解方法只适用于孔隙率和渗透率随时间变化相对缓慢或者时间段相对较短的情况。隐式求解的结果明显更加精确，适用范围更广泛。但是，当时间步长较大时，该方法会存在收敛性和稳定性问题。图 1-4 为 TOUGH2 与 FLAC3D 变量之间传递的过程，其余两种方法的基本流程与之类似。

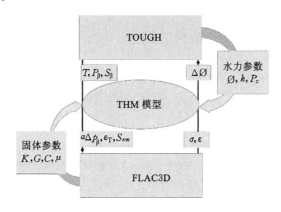

图 1-4 TOUGH2 与 FLAC3D 变量之间传递的过程

在 TOUGH-FLAC 模拟器的耦合框架下,衍生出 TOUGH + ROCMECH[150]、TOUGH-RDCA[151]、TOUGH-CSM[152]、TOUGH-RBSN[153] 和 TOUGH-UDEC[154-155] 等一系列流-固-热耦合模拟器[156]。J. Tason 等[158] 将 TOUGHREACT 与 FLAC3D 进行了耦合,用于描述裂隙-孔隙岩层中涉及的流-固-热-化学耦合并应用至增透型地热开采中[157-158]。J. Kim[159] 系统地比较和分析了应力固定的数值方法(fixed-stress splits)在求解多场耦合方程时的优势。该方法不但能提高计算效率,而且确保了计算结果的精度。B. M. Laura 等[160-161] 在应力固定的数值方法基础上,将动网格(网格变形)引入 TOUGH-FLAC 模拟器中,准确地描述了核废料处理问题时涉及的大变形问题。随后,B. M. Laura 等[162] 将 ITOUGH2 与 FLAC3D 耦合,提高了模拟器的计算效率和收敛性,增加了引入参数进行反演等多个新功能。

1.2.5 研究中的不足之处

在煤层气开采和注入 CO_2 提高煤层气开采率过程中涉及复杂的、动态的多个物理场相互作用,包括多相流(气和水)、多成分气体吸附(CO_2 和 CH_4 等)和煤层固体变形。目前国内外学者的研究和模拟软件仅针对其中某个物理过程,并不能全面和准确地描述开采和增采过程中涉及的复杂耦合问题。因此,需要建立完整的 CO_2 注气增采的耦合理论模型,描述增采过程中包含的多相、多成分和多物理性能(multi-phase、multi-component、multi-physics,简称 M^3)的动态耦合问题。

目前的研究结果表明,CO_2 的注入有助于煤层气开采量的增加,但是忽略了在开采和注气过程中孔压波动导致的应力问题。通过耦合流体软件 TOUGU2 和岩土工程软件 FLAC3D 进行数值模拟分析,量化参数对开采量的影响,分析孔压变化和吸附/解吸引起的基质膨胀/收缩对复杂的地质结构的力学性能影响,尤其是地质断层对 CH_4 开采和 CO_2 封存的影响,以及 CO_2-ECBM 过程中是否会诱发断层活化和微震等问题,目前,该方面研究相当缺乏。

1.3　研究内容和方法

1.3.1　研究内容

在现有研究基础上,本书系统地研究了 CO_2-ECBM 过程中的 M^3 耦合过程和结构断层的力学响应。

研究内容主要包括以下几个方面:

(1) 开展煤层渗透率试验研究。根据试验结果标定本书提出的动态、均质渗透率模型中的有关参数。利用相似模拟试验可视化 CO_2 增采过程和研究上覆岩层的变形规律,并与数值模型进行对比分析。

(2) 建立煤层气开采/增采的数学模型,包括水和气两相流、多成分气体(CO_2 和 CH_4)的吸附和煤样固体变形的力学行为。重新构写了 TOUGH2-7C(ECBM)中的溶解度计算代码和结构。将修正后的 TOUGH2(7C-ECBM)与常用煤层气商用软件进行了对比,验证了 TOUGH2(7C-ECBM)在求解 CO_2-ECBM 问题时的准确性。

(3) 耦合流体软件 TOUGH2 和岩土工程软件 FLAC3D。在 TOUGH2(7C-ECBM) 模块代码中嵌入均质煤层渗透率模型、各向异性裂隙渗透率模型以及断层渗透率和孔隙率动态方程;在 FLAC3D 中利用 Fish 语言编程求解考虑了吸附/收缩引起的膨胀/收缩的应力平衡方程。

(4) 在 TOUGH2(7C-ECBM) 中建立流动和吸附的三维模型;在 FLAC3D 中建立煤层变形的三维模型。利用耦合模拟器 TOUGH-FLAC 进行求解,开展井口稳定性研究和参数敏感性分析,量化参数对煤层气开采率的影响。

(5) 进行储层压裂联合注气开采实效分析,定量分析水力压裂和二次压裂对注气开采效率的影响,讨论二次裂隙对注气效果和开采总量的影响。

(6) 研究 CO_2-ECBM 过程中煤储层中走滑断层对注气开采的影响,并进行诱发断层滑移和可靠性分析。

1.3.2　研究方法

本书主要采用室内试验、理论分析和数值模拟相结合的方法对上述内容进行研究。通过煤岩渗透率试验和相似模拟试验研究渗透率的变化规律和注气增采中盖层的变形规律;通过理论分析建立 M^3 数学模型及均质煤层各向同性和各向异性裂隙渗透率模型;耦合流体软件 TOUCH2 和岩土工程软件 FLAC3D,进行数值模拟,分析了煤层气产量的影响因素、注气开采机理、注气开采诱发断层滑移及其可靠性,研究技术路线如图1-5所示。

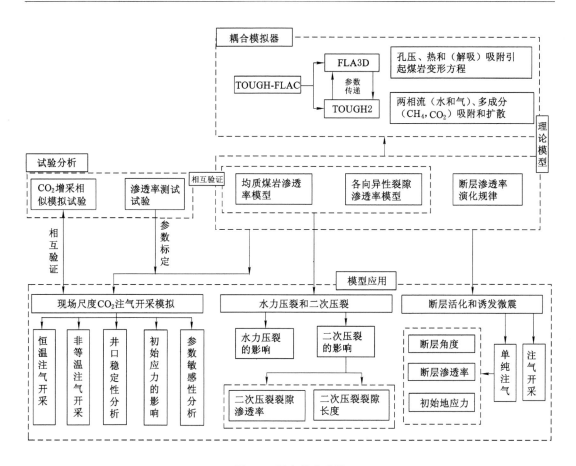

图 1-5 研究技术路线

2 煤岩渗透率测试及 CO_2 注气增采相似模拟试验

2.1 引言

煤层渗透率是影响 CO_2 注气和煤层气开采效率的重要参数之一。在注气开采过程中,渗透率变化的主要原因:(1) 孔隙压力的波动;(2) CO_2 吸附和煤层气解吸分别引起基质的膨胀和收缩。后者是非常规气开采和 CO_2 煤层封存特有的力学机制。95%~98%的气体将吸附于煤层基质表面的固体颗粒,剩余气体以自由态游离于割理中。在此基础上,本节利用自主研发的渗透率试验装置测试定围压和不同注气压力状态下的渗透率与孔压的关系。

利用 InSAR 卫星技术观察到 CO_2 注入地层以及煤层气开采将引起盖层的凸起或凹陷。实际上 CO_2 地质封存是类似"黑箱"操作的过程,人们无法实时窥探地下岩层的变形情况,因此本章利用止水条类比注气相似模拟试验,可视化注气引发的煤层和盖层的变形过程。

2.2 煤岩渗透率测试

2.2.1 试验设备

为了满足对标准煤样($\phi50$ mm)的测试要求,本节采用自主研发的针对标准煤岩样本的渗透率测试系统,如图 2-1 所示。测试系统主要由三部分组成:煤样的夹持装置、气体控制装置以及试验数据采集系统。图 2-1 中 A 为气体控制系统,提供煤岩两端的气体压力;B 和 C 为煤样的夹持装置。B 为夹持大试样($\phi50$ mm)和小试样($\phi25$ mm)的密封容器,通过手摇式油泵对煤样施加围压,最大围压可达 10 MPa。

2.2.2 试验原理

图 2-2 为利用 CO_2 进行标准煤样的渗透率测试示意图。煤样夹持装置在保持密封的同时可以提供相应的围压环境。两瓶定容气瓶分别固定于夹持装置的两侧。在气瓶口附近连接压力传感器,用于记录气瓶内部的孔压值。在试验过程中,煤样所承受的围压通过手摇油泵施加。具体的试验步骤如下:

(1) 手动调节油泵,加载至所需的围压;

(2) 打开左侧的减压阀和截止阀 1—4,将气体注入气瓶中;

(3) 气瓶中孔压达到预设值时关闭减压阀和截止阀 1;

（4）气瓶内气压稳定后关闭截止阀 2、3、4 以及打开截止阀 5；

（5）压力差稳定至 50 kPa 后再关闭截止阀 5；

（6）最后打开截止阀 4。

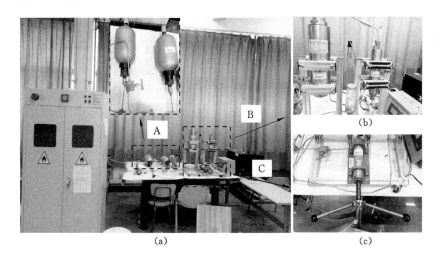

A—气体控制系统；B，C—煤样的夹持装置。

图 2-1　气体渗透率试验系统

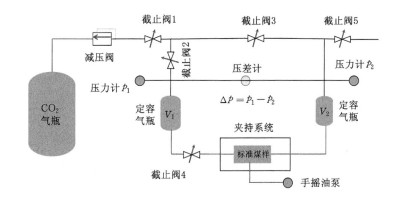

图 2-2　渗透率测试示意图

在试验过程中，由于定容气瓶之间存在压力差，气体从左侧气瓶流经煤样到达右侧气瓶。煤样内部的孔隙压力 p 为左侧气瓶与右侧气瓶的压力平均值。在整个试验过程中，孔压 p 是随着时间和空间（煤样中不同位置）不断变化的，因此变量 p 可表示为时间 t 和空间 x（距离煤样顶部的距离）的函数：

$$\frac{\partial^2 p(x,t)}{\partial x^2} = -\frac{C_g \mu \phi_0}{k_0} \frac{\partial p(x,t)}{\partial t} \quad (0 < x < L_c, t > 0) \tag{2-1}$$

式中，C_g 为所注入气体的压缩系数，Pa^{-1}；μ 为所注气体的动力黏度，$Pa \cdot s$；ϕ_0 为煤样初始孔隙率；k_0 为煤样初始渗透率，m^2；L_c 为煤样轴向长度，m。

为了求解上述偏微分方程，需要提供相应的初始压力条件和边界条件。本试验初始压力条件($t=0$ 时)为：

$$p(x,0)=p_2(0) \tag{2-2}$$

煤样两端的第一类边界条件如式(2-3)和式(2-4)所示。

$$p(0,t)=p_1(t) \tag{2-3}$$

$$p(L_c,t)=p_2(t) \tag{2-4}$$

第二类边界条件如式(2-5)和式(2-6)所示。

$$\frac{\mathrm{d}p_1}{\mathrm{d}t}=-\frac{k_0}{C_g\mu\phi_0 L_c}\frac{V_p}{V_1}\frac{\partial p}{\partial x}\Big|_{x=0} \tag{2-5}$$

$$\frac{\mathrm{d}p_2}{\mathrm{d}t}=-\frac{k_0}{C_g\mu\phi_0 L_c}\frac{V_p}{V_2}\frac{\partial p}{\partial x}\Big|_{x=0} \tag{2-6}$$

式中，V_1，V_2 分别为煤样注气端和出气端的气体容器的容积；V_p 为煤样的初始孔隙体积。

由式(2-3)至式(2-6)可以得出煤样渗透率的表达式：

$$k=-\frac{C_g\mu\phi_0 L_c^2 S_1}{f(a,b_1)} \tag{2-7}$$

式中，S_1 为压力衰减的半对数斜率。

$$f(a,b_1)=(a+b_1+ab_1)-\frac{1}{3}(a+b_1+0.413\,2ab_1)^2+0.074\,4(a+b_1+0.057\,8ab_1)^3 \tag{2-8}$$

式中，b_1 为煤样的初始孔隙体积与注气端和出气端的气体容器的容积和的比值。

定容气瓶的容积 $V_1=V_2=3$ L，试验系统的测试范围为 $10^{-2}\sim10^4$ mD。

本试验中的煤样来自山西省沁水盆地原煤煤样，直接采集于煤层工作面的同一完整煤块。首先利用实验室的钻孔机钻取直径为 50 mm 的圆柱体煤芯，然后将煤芯切割成高为 100 mm 的圆柱体，最后利用端面磨石机打磨煤样两端，使端面平面度和上下端面平行度分别小于 0.02 mm 和 0.05 mm。处理后的煤样如图 2-3 所示。

图 2-3 煤样示意图

试验采用定围压来模拟煤层的应力状态和逐步增加孔压来模拟 CO_2 注气引起孔隙压力不断增大的过程。试验采用的 CO_2 的纯度为 99.9%，分别测试煤样在 3 MPa 和 4.5 MPa 围压下的渗透率。每组试验 3 个试样，试验结果见表 2-1 至表 2-6。

表 2-1 试样 C1 的渗透率

孔压/MPa	围压/MPa	渗透率/10^{-16} m^2
0.5	3.0	10.365 0
1.0	3.0	8.085 4
1.5	3.0	4.637 0
2.0	3.0	9.200 3
2.5	3.0	12.157

表 2-2 试样 C2 的渗透率

孔压/MPa	围压/MPa	渗透率/10^{-16} m^2
0.5	3.0	5.116 1
1.0	3.0	7.365 0
1.5	3.0	12.497 0
2.0	3.0	5.782 6
2.5	3.0	7.348 6

表 2-3 试样 C3 的渗透率

孔压/MPa	围压/MPa	渗透率/10^{-16} m^2
0.5	3.0	3.085 7
1.0	3.0	5.588 7
1.5	3.0	4.943 5
2.0	3.0	5.894 4
2.5	3.0	9.558 0

表 2-4 试样 C4 的渗透率

孔压/MPa	围压/MPa	渗透率/10^{-16} m^2
0.5	4.5	0.543 5
1.0	4.5	9.159 1
1.5	4.5	7.465 3
2.0	4.5	9.989 9
2.5	4.5	16.059 0

表 2-5 试样 C5 的渗透率

孔压/MPa	围压/MPa	渗透率/10^{-16} m^2
0.5	4.5	1.808 3
1.0	4.5	3.237 4
1.5	4.5	1.149 2
2.0	4.5	4.761 4
2.5	4.5	7.497 1

表 2-6 试样 C6 的渗透率

孔压/MPa	围压/MPa	渗透率/10^{-16} m^2
0.5	4.5	1.714 0
1.0	4.5	7.380 0
1.5	4.5	3.011 9
2.0	4.5	3.011 9
2.5	4.5	1.064 2

渗透率与孔压的关系曲线如图 2-4 所示。由于煤样本身具有较高的离散性,因此取 3 组试样的平均值作为分析对象。由图 2-4 可知,围压为 3.0 MPa 和 4.5 MPa 时,随着注气孔压的增大,煤样的渗透率局部稍微降低,但是整体呈现上升的趋势。由于测试的时间较短(12~15 min),CO_2 吸附的基质影响相对较小,因此在试验过程中孔压起主导作用。围压保持不变,孔压的增大将会导致有效应力降低,从而减小了煤岩的压缩量,提高了渗透率。

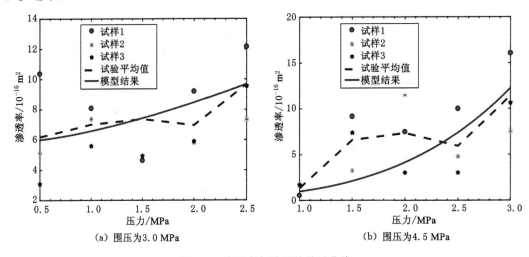

（a）围压为3.0 MPa   （b）围压为4.5 MPa

图 2-4 渗透率与孔压的关系曲线

图 2-4 中实线所指渗透率方程为:

$$k = k_0 \left\{ \frac{\alpha}{\phi_0} + \frac{\phi_0 - \alpha}{\phi_0} \exp\left[-\frac{1}{K} \frac{1+\upsilon}{3(1-\upsilon)}(p-p_0) + \frac{1}{K} \frac{2E}{9(1-\upsilon)}(\varepsilon_s - \varepsilon_{s_0}) \right] \right\}^3 \quad (2\text{-}9)$$

具体的推导过程见附录 A。由图 2-4 可知,推导所得渗透率方程能够较为准确地匹配试验结果,在一定程度上验证了所推导的渗透率模型的准确性和可行性。

2.3 CO_2 注气增采相似模拟试验

2.3.1 相似理论、单值条件和相似判据

物理相似模拟试验是基于相似原理和无量纲分析理论探究相关规律的方法。相似理论

包含相似正定理、ϕ 定律和相似逆定理。根据相似试验来研究渗透率随围压的变化规律时，应保证几何相似、物理相似和边界条件相似。几何相似是指物理模型与原型中的尺寸正比例缩小(或放大)；物理相似是指主控参数的物理属性需成一定比例；边界条件相似是指物理模型的边界条件需与现场的边界条件保持一致或尽量减少边界条件对模型测试结果的影响。

2.3.2 模型参数与材料配合比

相似模拟试验材料分为两部分：煤层上、下岩层的相似模拟材料采用的是石膏、重晶石、砂子，根据岩层性质采用不同配合比，并在每层之间铺设云母片弱分层。煤层的相似模拟材料为遇水膨胀止水条。模型上端未施加外部载荷，即模型未模拟封存环境所承受的地应力。各相似材料的配合比见表 2-7。

表 2-7 模型参数与材料配合比

岩层性质	模型厚度/cm	分层质量/kg	$m_{砂子}$/kg	$m_{重晶石}$/kg	$m_{石膏}$/kg	$m_{水}$/kg
粗砂岩	4	3.79	3.37	0.30	0.12	0.38
细粒砂岩	5	3.79	3.25	0.38	0.16	0.38
泥岩	5	3.04	2.70	0.24	0.10	0.30
止水条	2	—	—	—	—	—
中粒砂岩	6	4.25	3.86	0.27	0.12	0.42
砂质煤岩	5	3.17	2.96	0.16	0.05	0.32
粗粒砂岩	3	1.76	1.62	0.11	0.03	0.18

2.3.3 相似条件

自制的试验台尺寸为 100 cm×30 cm×4 cm，试验模型几何相似常数为：

$$\alpha_l = \frac{1}{200} \tag{2-10}$$

因此，容重相似常数 α_γ 和应力相似常数 α_σ 分别为：

$$\alpha_\gamma = \frac{\gamma_p}{\gamma_m} = 0.6 \tag{2-11}$$

$$\alpha_\sigma = \frac{\sigma_p}{\sigma_m} = \alpha_\gamma \alpha_l = \frac{0.6}{200} \tag{2-12}$$

2.3.4 相似模型及试验方案

相似模型如图 2-5 所示。本次模拟试验模拟一端注气情形，在铺设完成止水条下方的岩层后，将铝管插入止水条中大约 1/3 深度处，止水条与注水管的连接如图 2-6 所示，然后用 AB 胶将铝管与止水条的连接处封闭起来，待 AB 胶完全硬化并检查连接处不漏水后将止水条放入模型中，接着进行止水条上方的模型铺设。

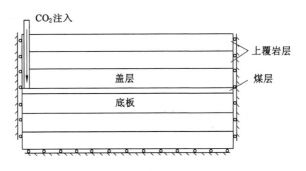

图 2-5　相似模型示意图

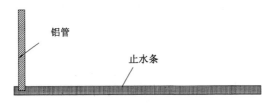

图 2-6　止水条与注水管的连接

　　铺设完成后的完整模型如图 2-7 所示。铝管通过橡胶管与水箱连接,注水水头为 1.5 m。水箱容积足够大,可忽略水头变化对试验结果的影响。模拟试验是通过位移计测量上覆岩层的变形的。位移计安装固定在模型顶部的铁架上,下端的位移传感器与模型接触。测量位移的仪器采用量程为 ±35 mm、精度为 0.01 mm 的 FT81 型位移计。安装位移计后的模型如图 2-8 所示。

图 2-7　铺设完成后的完整模型

图 2-8　安装位移计后的模型

2.3.5 试验结果及分析

每 24 h 记录的位移计读数见表 2-8。

表 2-8 不同时间位移计的读数 单位:mm

时间	1 号位移计	2 号位移计	3 号位移计	4 号位移计
第 1 天	−23.14	−30.18	−20.87	−32.18
第 2 天	−23.11	−30.17	−20.85	−32.19
第 3 天	−23.07	−30.17	−20.86	−32.18
第 4 天	−23.05	−30.15	−20.85	−32.19
第 5 天	−23.04	−30.14	−20.84	−32.19
第 6 天	−23.02	−30.11	−20.79	−32.20
第 7 天	−23.01	−30.09	−20.83	−32.20
第 8 天	−23	−30.10	−20.83	−32.21
第 9 天	−22.98	−30.08	−20.80	−32.19
第 10 天	−23	−30.07	−20.79	−32.19
第 11 天	−22.96	−30.04	−20.77	−32.19
第 12 天	−22.95	−30.03	−20.78	−32.19
第 13 天	−22.95	−30.01	−20.77	−32.21

以水平井注气为工程背景,模拟试验一端注水,4 个位置位移计的读数随时间的变化如图 2-9 所示。由图 2-9(a)可知,距离注水铝管 2 cm 的 1 号位移计读数在第 1 天就有 0.04 mm 的变化,这说明注水第 1 天该位置的上覆岩层就产生了 0.04 mm 的向上的位移;随着不断注水,1 号位移计读数不断增大,但是增长率却逐渐减小,主要因为注水后期止水条接近吸附平衡状态。由图 2-9(b)可知,2 号位移计读数在前 3 天基本没有变化,第 4 天读数才变化了 0.02 mm,这是由于 2 号位移计距离注水铝管 14 cm,水从注水口渗流到下方止水条对应位置需要相应的时间。当水流至此,其读数不断增大,该位置的岩层不断产生新的位移。3 号位移计距注水口的距离比 2 号位移计远 12 cm,由图 2-9(c)可知,3 号位移计读数在 2 号位移计出现读数变化后的第 5 天才出现变化。由图 2-9(d)可知,4 号位移计距离注水口最远,读数自始至终无变化,基本稳定在 −32.20 mm 左右,这是因为水还没有渗流到该位置。由于水力梯度在止水条内不断减小,水的运移速度和止水条的吸附速度都呈递减趋势。

图 2-10 为模型上覆岩层水平方向距井口 2 cm、14 cm、26 cm 和 38 cm 处的位移随时间的变化曲线。距井口 2 cm 的 1 号位移计距离注水口位置最近,从注水初期就产生读数变化,该位置最终位移量为 0.23 mm。距井口 14 cm 的 2 号位移计读数在注水 4 d 后产生读数变化,最终位移量为 0.17 mm。距井口 26 cm 的 3 号位移计在注水 9 d 后产生位移,最终位移计读数增加了 0.10 mm。距井口 38 cm 的 4 号位移计读数一直在 −32.20 mm 附近波动,认为是环境变化造成的误差,水并未渗流到该位置。

图 2-11 为盖层监测线水平方向上各点的垂直位移。图 2-11(a)为相似试验测试结果;

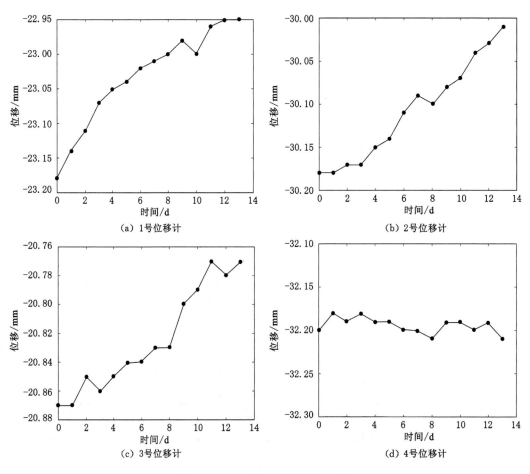

图 2-9　1—4 号位移计读数变化图

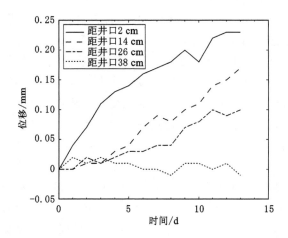

图 2-10　距井口 2 cm、14 cm、26 cm 和 38 cm 处的位移变化曲线

图 2-11(b)为数值模拟结果,具体的物理模型和相关参数可参考附录 B。盖层变形随位置的变化趋势和数值变化大体一致。随着距井口距离的增加,变形量逐渐减小。

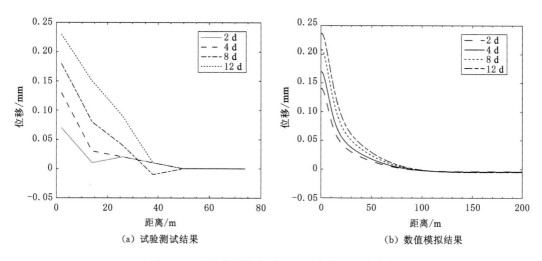

（a）试验测试结果　　　　　　　　（b）数值模拟结果

图 2-11　盖层监测线水平方向上各点的垂直位移

2.4　本章小结

本章首先利用自主研发的气体渗透率测试系统得到了定围压下煤样渗透率随孔压的变化规律；然后设计了止水条类比注气相似模拟试验。主要研究工作和结论如下：

（1）渗透率测试结果显示煤样的渗透率随着孔压的增大呈现增大趋势，且试验测试数据与渗透率理论方程预测结果吻合较好。

（2）相似模拟结果显示，距离注气井口越远，上覆岩层的变形量越小，且变形和距离成负指数变化。建立了应力依赖的动态渗透率和孔隙率的演化方程，采用渗透率测试试验标定参数和建立动态渗透率方程，更符合实际。

（3）数值模拟结果表明，盖层变形随位置的变化趋势与试验测试数据基本吻合。距离注气井越远变形越小，一定距离（试验中的 4 号位移计处，距离井口 50 倍井径左右）后的盖层变形基本为 0。

3 CO_2-ECBM 多场耦合数学模型和集成算法

3.1 多场耦合数学模型

3.1.1 流场和热流控制方程

TOUGH2 程序是由美国伯克利劳伦斯国家实验室研发的,可用于模拟孔隙和裂隙介质中多、相多成分等温或非等温流动过程。在 TOUGH2 中,流体质量和能量控制方程的通用表达式如下[135]:

$$\frac{\mathrm{d}}{\mathrm{d}t} \int_V M^k \mathrm{d} V_n = \int_{\Gamma_n} \mathbf{F}^k \cdot \mathbf{n} \mathrm{d} \Gamma_n + \int_V q^k \mathrm{d} V_n \tag{3-1}$$

式中,M^k 为控制单元内部的质量;$\mathbf{F}^k$ 为质量通量;q^k 为控制单元体的源/汇项;$\mathbf{n}$ 为作用于表面单元 $\mathrm{d}\Gamma_n$ 的垂直向量。

本书不考虑煤层对水蒸气和液态项的吸附效应。在煤岩割理系统中,液态项仅以游离态存在,其质量项 M_l^k 可表示为:

$$M_l^k = \phi \sum_l S_l \rho_w X_l^k \tag{3-2}$$

式中,ϕ 为割理孔隙率;S_l 为水的饱和度;ρ_w 为水的密度;X_l^k 为液相成分 k 的质量分数。

假设在注气开采发生的瞬间气体迅速解吸/吸附。换而言之,本节不考虑气体解吸/吸附所需要的时间,气体从基质扩散至割理(或从割理扩散至基质)没有时间上的滞后性。煤岩割理系统中的气体由游离态和吸附态组成,则煤层总瓦斯质量 M_g^k 表示如下:

$$M_g^k = \phi \sum S_g \rho_g X_g^k + (1 - \phi) \rho_{\mathrm{coal}} V_{si} \rho_{gs} \tag{3-3}$$

式中,S_g 为气体饱和度;ρ_g 为气体密度;X_g^k 为气体成分 k 的质量分数;ρ_{coal} 为煤岩密度;ρ_{gs} 为标准状态下气体的密度;V_{si} 为气体存储含量。

假设温度的变化不影响气体的吸附特性,则 V_{si} 满足混合气体朗缪尔等温吸附方程:

$$V_{si} = V_{\mathrm{s}Li}(1 - w_a - w_{\mathrm{we}}) \frac{P_g y_i / P_{Li}}{1 + P_g \sum_{i=1}^{nc} y_i / P_{Li}} \tag{3-4}$$

式中,V_{si} 为最大气体存储含量;w_a,w_{we} 分别为初始粉煤灰灰分含量和平衡湿含量;y_i 为气体 i 的摩尔分数;P_{Li} 为气体 i 的朗缪尔压力常数;P_g 为气体孔隙压力;nc 为混合气体的数目。

在 TOUGH2 中,流体质量流量 $\mathbf{F}_{\beta}^k$ 包括平流、扩散和水力弥散三项。为了简化运算以提高计算效率,将液体和气体的弥散系数设为 0,因此可得:

$$\mathbf{F}_{\beta}^k = \mathbf{F}_{\beta}^k \big|_{\mathrm{adv}} + \mathbf{F}_{\beta}^k \big|_{\mathrm{dif}} \tag{3-5}$$

平流质量流量$\boldsymbol{F}_{\beta}^{k}|_{adv}$满足达西流动方程,表达如下:

$$\boldsymbol{F}_{\beta}^{k}|_{adv} = \sum_{\beta} X_{\beta}^{k}\left[-K\frac{K_{r\beta}}{\mu_{\beta}}\rho_{\beta}(\nabla p_{\beta}-\rho_{\beta}g)\right] \tag{3-6}$$

扩散的质量流量$\boldsymbol{F}_{\beta}^{k}|_{dif}$可以通过菲克定律或 Dusty 气体模型计算求得。虽然在描述多孔介质气体扩散问题时 Dusty 气体模型具有较为广泛的使用范围,但是随着气体成分的增加,模型的计算量大大增加,模型计算的稳定性和收敛性也有所降低。当渗透率较低时,两者的差距不大。因此,为了减少计算成本,本书默认选取菲克扩散定律来模拟分析现场大尺度问题。菲克定律表达式如下:

$$\boldsymbol{F}_{\beta}^{k}|_{dif} = -\sum^{\beta}\rho_{\beta}\,\overline{\boldsymbol{D}}_{\beta}^{K}\,\nabla X_{\beta}^{K} \tag{3-7}$$

式中,扩散张量表示为:

$$\overline{\boldsymbol{D}}_{\beta}^{K} = D_{\beta,d}^{K}\,\overline{I} \tag{3-8}$$

且

$$D_{\beta,d}^{K} = \phi\,\tau_{0}\,\tau_{\beta}\,D_{\beta}^{K} \tag{3-9}$$

式中,τ_{0}为煤岩固有弯曲系数;τ_{β}为与饱和度相关的弯曲变量;$D_{\beta,d}^{K}$为 β 相的扩散系数。

对于热能质量平衡方程而言,热能质量项可通过如下方程计算得到:

$$M^{h} = (1-\phi)\,\rho_{R}\,C_{R}\,T + \phi\sum_{\beta}S_{\beta}\,\rho_{\beta}\,u_{\beta} \tag{3-10}$$

式中,ρ_{R},C_{R}分别为煤岩固体颗粒密度和比热容;u_{β}为 β 相的内能。

热流由传导和对流两项组成:

$$\boldsymbol{F}^{NK+1} = -\lambda\,\nabla T + \sum_{\beta}h_{\beta}\,\boldsymbol{F}_{\beta} \tag{3-11}$$

式中,λ为平均热传导系数;h_{β}为 β 相的热焓。

同时在多相系统流动过程中,各相成分的黏度、密度和热焓等属性都是与孔隙压力和温度相关的函数。在模拟计算过程中,上述参数通过内置的 EOS(equation of state)模块自动计算更新。

3.1.2 毛细压力和相对渗透率函数

煤层两相(或三相)流中气体和液体间的弯曲界面附加压力称为毛细压力。TOUGH2 软件中内置了 8 种常见的毛细压力函数[135]。本书选取了常见的 van Genuchten 毛细压力方程,表达式如下:

$$p_{cap} = \min\{\max[-p_{max}, -p_{0}(S^{*-1/m}-1)^{1-m}]\} \tag{3-12}$$

式中,m为 van Genuchten 系数;p_{0}为毛细管吸入压力;$-p_{max}$为毛细压力阈值;S^{*}为有效饱和度,可通过如下公式计算:

$$S^{*} = \frac{S_{l}-S_{lr}}{S_{ls}-S_{lr}} \tag{3-13}$$

式中,S_{l}为液体饱和度;S_{lr}和S_{ls}为液体残余饱和度和束缚水饱和度。

同时,根据 Leverett J 函数,毛细压力可修正为如下形式:

$$p_{cap} = p_{cap0}\sqrt{\frac{k_{0}/\phi_{0}}{k/\phi}} \tag{3-14}$$

式中,p_{cap0},k_{0},ϕ_{0}分别为初始应力状体下的毛细压力、渗透率和孔隙率。p_{cap},k,ϕ分别为当前应力状态下的毛细压力、渗透率和孔隙率。

在多相流系统中，流体的流动速率不仅取决于多孔介质的绝对渗透率，还受制于当前系统中流体的相对渗透率。TOUGH2 软件中内置了 8 种相对渗透率函数，比较常见的是 B-C 模型和 V-G 模型。本书为了提高多相流计算时的稳定性，选取 V-G 相对渗透率模型。

液体的相对渗透率表达式为：

$$k_{rl} = \begin{cases} \sqrt{S^*}\left[1-(s^*)^{1/\lambda}\right]^{\lambda} & (S_l < S_{ls}) \\ 1 & (S_l \geqslant S_{ls}) \end{cases} \tag{3-15}$$

气体的相对渗透率表达式为

$$k_{gl} = \begin{cases} 1-k_{rl} & (S_{gr}=0) \\ (1-\hat{S})^2(1-\hat{S}^2) & (S_{gr}>0) \end{cases} \tag{3-16}$$

式中，$\hat{S}=(S_l-S_{lr})/(S_l-S_{lr}-S_{gr})$。

3.1.3 气体溶解度

气体溶解度是指气体在单位体积水中达到饱和状态时气体的体积。气体溶解度与气体本身的属性和外界的环境（温度、压力）有关。气体 CO_2 溶解后成为液态 CO_2，两者的转换关系见式(3-17)[163]。

$$CO_2(g) \Longleftrightarrow CO_2(aq) \tag{3-17}$$

转换过程中的平衡常数为：

$$K_{CO_2(g)} = \frac{a_{CO_2}}{f_{CO_2}} \tag{3-18}$$

式中，a_{CO_2}，f_{CO_2} 为 CO_2 液相的活度和气相的逸度。

a_{CO_2} 可由活度系数和质量摩尔浓度计算得到：

$$a_{CO_2} = \gamma m_{CO_2} \tag{3-19}$$

假设活度系数 $\gamma=1$，则液相 CO_2 摩尔分数可表示为：

$$x_{aq}^{CO_2} = \frac{a_{CO_2}}{55.508} \tag{3-20}$$

气相 CO_2 的逸度 f_{CO_2} 可表示为：

$$f_{CO_2} = \phi_{CO_2} P_{CO_2} = \frac{a_{CO_2}}{K_{CO_2(g)}} \tag{3-21}$$

式中，ϕ_{CO_2} 为逸度系数；P_{CO_2} 为 CO_2 的分压力，可表示为：

$$P_{CO_2} = y_{CO_2(g)} P = K h_{CO_2} x_{CO_2(aq)} \tag{3-22}$$

式中，$y_{CO_2(g)}$ 为气体 CO_2 的摩尔分数；P 为孔隙压力；$K h_{CO_2}$ 为有效 henry 常数，可通过下式计算得到：

$$K h_{CO_2} = \frac{55.508}{K_{CO_2(g)} \phi_{CO_2}} \tag{3-23}$$

在求解溶解度时，由于 TOUGH2-EOS7C-ECBM 代码中的 bugs，将导致溶解度计算失败，从而降低算法的收敛性[163]。溶解度计算失败将阻止模拟计算继续进行。模拟计算期间，TOUGH2 根据迭代过程的收敛速度自动减少时间步长来提高收敛性，但该方法治标不治本。虽然气体溶解度并不是关注的重点,但是气体溶解度却是 CO_2 注气和煤层气开采中的重要因素之一[55]。考虑气体的溶解度也是 TOUGH2 软件在求解注气开采问题时的优势之一。最关键的是,如果不能解决收敛性问题,下一步的模拟工作将无法继续进行。因此,本节重新编写了溶解度计算代码和结构,计算流程图如图 3-1 所示。

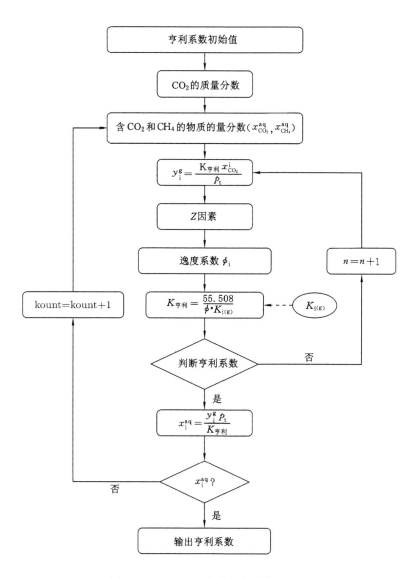

图 3-1 TOUGH2 中溶解度计算流程图

3.1.4 煤层变形方程

假设煤层变形满足拟稳态小变形条件,则变形平衡方程可表示为:

$$\nabla \cdot \sigma + F = 0 \tag{3-24}$$

式中,F 为体积力;σ 为煤层总应力。

由多孔介质弹性力学可知,σ 满足如下表达式:

$$\sigma = \sigma' - \alpha I p \qquad (3\text{-}25)$$

式中，σ' 为有效应力；α 为 Biot 常数。

在本书中，假设 $\alpha = 1$，I 为单位张量，p 为平均孔隙压力，可表示为：

$$p = s_w\, p_w + s_g\, p_g \qquad (3\text{-}26)$$

式中，s_w，s_g 为液气的饱和度；p_w，p_g 为液体孔隙压力和气体孔隙压力。

煤储层变形的几何方程为：

$$\varepsilon = \nabla^s u = \frac{1}{2}(\nabla u + \nabla^{\mathrm{T}} u) \qquad (3\text{-}27)$$

式中，u 为变形位移；ε 为煤岩体变形总应变，由弹性应变（有效应变）ε^e、热线性应变 ε^t、吸附/解吸引起的应变 ε^s 组成，可表示为：

$$\varepsilon = \varepsilon^e + \varepsilon^t + \varepsilon^s \qquad (3\text{-}28)$$

热线性应变 ε^t 可通过温度的改变量计算而得：

$$\varepsilon^t = \alpha_T I \Delta T \qquad (3\text{-}29)$$

式中，α_T 为线性热膨胀系数；T 为温度变量；I 为单位张量。

假设吸附引起的应变量在各个方向上相等且吸附引起的体应变与气体浓度满足线性关系，则吸附应变可表示为：

$$\varepsilon^s = \frac{1}{3}\,\varepsilon_{vl} = \frac{1}{3} I \sum_{i=1}^{nc} \beta_i\, V_{Li} \qquad (3\text{-}30)$$

式中，ε_{vl} 为吸附引起的体应变；β_i 为体应变与气体浓度之间的关系参数。

弹性应变 ε^e 与有效应力 σ' 满足胡克定律：

$$\sigma' = \boldsymbol{D} : \varepsilon^e \qquad (3\text{-}31)$$

式中，$\boldsymbol{D}$ 为四阶弹性张量，矩阵形式为：

$$\boldsymbol{D} = \frac{E(1-\nu)}{(1+\nu)(1-\nu)}\begin{bmatrix} 1 & \dfrac{\nu}{1-\nu} & \dfrac{\nu}{1-\nu} & 0 & 0 & 0 \\[2ex] \dfrac{\nu}{1-\nu} & 1 & \dfrac{\nu}{1-\nu} & 0 & 0 & 0 \\[2ex] \dfrac{\nu}{1-\nu} & \dfrac{\nu}{1-\nu} & 1 & 0 & 0 & 0 \\[2ex] 0 & 0 & 0 & \dfrac{1-2\nu}{2(1-\nu)} & 0 & 0 \\[2ex] 0 & 0 & 0 & 0 & \dfrac{1-2\nu}{2(1-\nu)} & 0 \\[2ex] 0 & 0 & 0 & 0 & 0 & \dfrac{1-2\nu}{2(1-\nu)} \end{bmatrix} \qquad (3\text{-}32)$$

将式（3-28）和式（3-31）代入式（3-25）中，可得[143]

$$\sigma = \sigma' - \alpha I p = \boldsymbol{D} : \varepsilon^e - \alpha I p = \boldsymbol{D} : (\varepsilon - \varepsilon^s - \varepsilon^t) - \alpha I p \qquad (3\text{-}33)$$

将式（3-27）和式（3-33）代入式（3-24），可得以位移为变量的煤储层平衡方程：

$$G \nabla^2 u + \frac{G}{1-2\nu} \nabla(\nabla \cdot u) - \alpha p - K \varepsilon^s - K \varepsilon^t + F = 0 \qquad (3\text{-}34)$$

式中，拉姆常数 G 和体积模量 K 分别表示为：

$$G = \frac{E}{2(1+\nu)} \qquad (3\text{-}35)$$

$$K = \frac{E}{3(1-2\nu)} \tag{3-36}$$

式中，E 为弹性模量；ν 为泊松比。

3.2 动态孔隙率和渗透率

在 CO₂-ECBM 注气开采的过程中，孔隙压力的波动将引起有效应力的变化。同时，由于 CO₂ 和 CH₄ 的吸附解吸作用，将会引起基质块的膨胀收缩作用，从而进一步影响割理（裂隙）系统的张开度。在两者的共同作用之下，煤岩孔隙率和渗透率将呈现动态变化。本节将基于此提出新的孔隙率和渗透率变化模型。

由式(3-33)可知煤岩储层变形的应变形式为：

$$\varepsilon = \frac{1}{E}\left[(1+\mu)\sigma - \nu\sigma_{\mathrm{V}}I\right] + \frac{\alpha}{3K}pI + \varepsilon^{\mathrm{s}}I + \varepsilon^{\mathrm{t}}I \tag{3-37}$$

式中，σ_{V} 为体积应力，$\sigma_{\mathrm{V}} = \sigma_x + \sigma_y + \sigma_z$。

由式(3-37)可得煤岩变形体积 ε_{V} 应变可表示为：

$$\varepsilon_{\mathrm{V}} = \frac{\mathrm{d}V_{\mathrm{t}}}{V_{\mathrm{t}}} = \frac{1}{K}\mathrm{d}\sigma + \left(\frac{1}{K} - \frac{1}{K_{\mathrm{s}}}\right)\mathrm{d}p + \mathrm{d}\varepsilon^{\mathrm{s}} + \mathrm{d}\varepsilon^{\mathrm{t}} \tag{3-38}$$

式中，$\varepsilon_{\mathrm{V}} = \varepsilon_x + \varepsilon_y + \varepsilon_z$，$\varepsilon_x,\varepsilon_y,\varepsilon_z$ 分别表示 x,y,z 方向的应变量；K_{s} 为基质体积模量；V_{t} 为总体积。

同理，孔隙体积应变 ε_{p} 可表示为：

$$\varepsilon_{\mathrm{p}} = \frac{\mathrm{d}V_{\mathrm{p}}}{V_{\mathrm{p}}} = \frac{1}{K_{\mathrm{p}}}\mathrm{d}\sigma + \left(\frac{1}{K_{\mathrm{p}}} - \frac{1}{K_{\mathrm{s}}}\right)\mathrm{d}p + \mathrm{d}\varepsilon^{\mathrm{s}} + \mathrm{d}\varepsilon^{\mathrm{t}} \tag{3-39}$$

式中，V_{p} 为孔隙体积；K_{p} 为孔隙体积模量。

割理系统孔隙率可定义为：

$$\phi = \frac{V_{\mathrm{p}}}{V_{\mathrm{t}}} \tag{3-40}$$

根据式(3-40)可知，割理孔隙率改变量为：

$$\mathrm{d}\phi = \frac{\mathrm{d}V_{\mathrm{p}}}{\mathrm{d}V_{\mathrm{t}}} = \frac{V_{\mathrm{p}}}{V_{\mathrm{t}}}\left(\frac{\mathrm{d}V_{\mathrm{p}}}{V_{\mathrm{p}}} - \frac{\mathrm{d}V_{\mathrm{t}}}{V_{\mathrm{t}}}\right) \tag{3-41}$$

根据 Betti-Maxwell 互等定理可知：

$$\frac{1}{K_{\mathrm{p}}} = \frac{\alpha}{\phi}\frac{1}{K} \tag{3-42}$$

将式(3-38)、式(3-39)和式(3-42)代入式(3-41)，可得：

$$\frac{\mathrm{d}\phi}{\phi} = \left(\frac{\alpha}{\phi}\frac{1}{K} - \frac{1}{K}\right)(\mathrm{d}\sigma + \mathrm{d}p) \tag{3-43}$$

对式(3-43)进行积分，并假设 $\alpha = 1$，可得：

$$\varphi = \alpha + (\phi_0 - \alpha)\exp\left[-\frac{1}{K}(\sigma' - \sigma_0')\right] = \alpha + (\phi_0 - \alpha)\exp\left(-\frac{\Delta\sigma'}{K}\right) \tag{3-44}$$

式中，ϕ_0 为初始应力状态下的孔隙率；σ',σ_0' 为当前有效应力和初始有效应力。

本书不考虑 Klinkenberg 滑脱效应的影响，因此渗透率比率和孔隙率比率之间满足如下立方定律：

$$\frac{k}{k_0} = \left(\frac{\phi}{\phi_0}\right)^3 \tag{3-45}$$

将式(3-44)代入式(3-45),可得出:

$$\frac{k}{k_0} = \left[\frac{\alpha}{\phi_0} + \frac{\phi_0 - \alpha}{\phi_0}\exp\left(-\frac{\Delta\sigma'}{K}\right)\right]^3 \tag{3-46}$$

式中,k,k_0为当前应力状态下和初始应力状态下的渗透率。

式(3-46)为本书提出的均质煤岩体渗透率模型,简称 M&R 渗透率模型。

3.3　TOUGH-FLAC 集成模拟器

3.3.1　TOUGH2 软件介绍

TOUGH2(transport of unsaturated ground water and heat)是由美国劳伦斯伯克利国家实验室针对孔隙-裂隙介质中多相流、多成分和非等温度的流体运移和热能传输问题开发的数值模拟程序。1991 年 Pruess 发布了 EOS1-EOS5 流体属性模块,其后续丰富了内置模块,已经被广泛应用到地热储能、核废料处理、CO_2 地质封存、地下水运移、油气开采、微震预警以及地质环境问题。其中,代表应用有美国尤卡山核废料地质处置项目。目前,TOUGH2 已经发布了 V2.0 版本,其中包括了 19 个内置的状态方程模块,见表 3-1。TOUGH2 在程序设置时采用了图 3-2 所示模块化结构。在不考虑流体成分和自身属性特征时,多相流和热传递的质量平衡方程具有相似的数学表达形式。在系统实际计算时,只通过状态方程模块更新流体的密度、黏度和热焓等属性参数,继而传递给控制方程。因此,模块化结构装配可以更加有效地处理多组分、多相流非等温系统。TOUGH2 采用有限体积法将模拟域离散成任意形状的多面体。图 3-3 为 TOUGH2 空间几何形状离散单元示意图。图 3-3 左侧为空间网格块或者表示任意的特征单元(REVs,representative elementary volume)V_n,在其任意表面 A_{nm} 含有质量流 F_{nm};图 3-3 右侧为相邻的两个特征单元 V_n 和 V_m。两者距中心到接触面 A_{nm} 的距离分别为 d_n 和 d_m。

表 3-1　TOUGH2 内置状态方程模块

EOS 名称	描　　述
EOS1	基本模块,应用于地下水和地热
EOS2	气相 CO_2 和水运移基础模块
EOS3	水和空气混合,应用于渗流区
EOS4	在 EOS3 基础上考虑了蒸汽压降低效应
EOS5	水和氢气的混合
EOS7	水、盐水和空气的混合,应用至多相,可解决密度驱动流问题
EOS7R	在 EOS7 的基础上增加了核反应素

表 3-1(续)

EOS 名称	描 述
EOS7C	水,盐水,CO_2 或 N_2,示踪剂和 CH_4 的混合物
EOS7CA	水,盐水,CO_2 或 N_2 或 CH_4,气体示踪剂和空气混合物
EOS7C-ECBM	EOS7C 中考虑混合气体朗缪尔吸附方程和达斯蒂扩散模型
EOS8	水、气和油三相流
EOS9	Richards 饱和-非饱和地下水流动
EOS9nT	在 EOS9 基础上加入了示踪剂和胶质物
EWASG	水,水溶盐,CO_2 或 N_2 或 CH_4 或 H_2
ECO2N	水,盐和 CO_2,广泛应用到 CO_2 盐水层地质封存
ECO2M	在 ECO2N 基础上考虑了流体超临界和低临界之间的转换过程
T2VOC	水、空气和 VOC 三相流问题
TMVOC	在 T2VOC 基础上考虑了 VOC 多成分混合和非凝结性气体

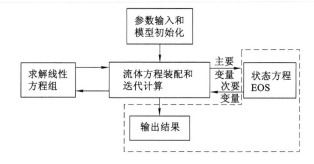

图 3-2　TOUGH2 中的模块化结构示意图

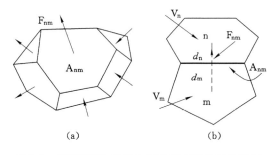

图 3-3　TOUGH2 空间几何形状离散单元示意图

在 TOUGH2 内部采用大体积法设定第一类边界条件。为了控制边界上的压力和饱和度使之为常量,边界上 REVs 体积需要设定为无限大,例如 10^{50} m³。同时,为了设定常量边界温度,需要将岩石固体颗粒密度设定为无限大的值,一般为 10^{50} kg/m³。这样在整个计算过程中,边界上的饱和度、孔压和温度都可默认为常数。

3.3.2　岩土工程软件 FLAC3D 简介

FLAC3D 是由美国 ITASCA 公司开发的商用岩土工程软件,用于模拟分析三维岩土介质结构的受力与变形。FLAC3D 版本最早于 1994 年发布,目前已经更新至 V6.0 版本。FLAC3D 采用显式有限差分法求解动态的运动微分方程。该方法不但大大降低了计算所需要的内存,而且在数值上解决了物理过程中出现的不稳定现象。同时,用户利用内置的 Fish 语言可以自定义所需的函数,满足模拟计算所需的相应要求。例如,在本构方程中考虑温度或者吸附的影响;参数分析;输入节点信息以及更新迭代材料属性等。不仅如此,用户还可以利用其 C++接口,编译动态链接库(DLLs,dynamic link libraries),从而自定义新的本构模型。

FLAC3D 一般的求解过程由三部分组成:

(1) 建立分析模型。

(2) 数值求解。

(3) 输出结果及分析。

在建立分析模型的过程中需要生成网格和离散几何模型,定义材料属性以及初始边界条件,随后进行初始应力平衡。在正确的初始应力基础上进行模型的数值求解。最后一步是模拟结果云图的绘制和输出,数据文件的处理。具体的分析流程如图 3-4 所示。

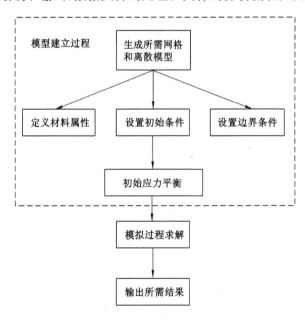

图 3-4　FLAC3D 分析流程图

3.3.3　TOUGH2 和 FLAC3D 耦合过程

在耦合过程中,TOUGH2 控制流体的运移、扩散、吸附以及相应的热传递方程。FLAC3D 负责煤层的力学行为的计算。在 FLAC3D 中,需要通过内嵌的 Fish 语言编程计算吸附引起的应变量。在进行耦合计算之前,必须在 TOUGH2 和 FLAC3D 内分别建立相对应的初始流体、热和力学平衡条件。在此基础之上进行下一步耦合模型的求解工作。TOUGH-FLAC 的耦合过程如图 3-5[164] 所示。在某个时间步长内,TOUGH2 计算结果满足牛顿迭代收敛准则后,随之将当前的压力、温度、液体饱和度和压力、毛细压力、气体含量等数值传递到 FLAC3D 中,并进行力学平衡的计算。FLAC3D 将计算结果中各个方向有效正应力、剪应力和应变传递到 TOUGH2 中,通过式(3-44)和式(3-46)更新渗透率和孔隙率,继续下一个时间段的流体和热计算。由于 TOUGH2 采用有限体积法进行数值计算,因此单元的控制节点位于网格中心位置;FLAC3D 采用有限差分法进行离散,其控制节点位于单元的四周角点。因此,TOUHG2 和 FLAC3D 在数据传递的过程中需要通过相应的插值计算来实现节点参量的变化。

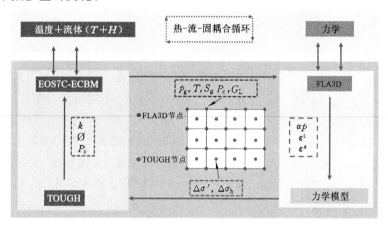

p_g—气体压力;T—温度;S_g—气体饱和度;G_L—气体容量;k—渗透率;ϕ—孔隙率;p_c—毛细压力;
α—Biot 常数;ε^t—热应变;ε^s—吸附应变;$\Delta\sigma'$—有效应力改变量;$\Delta\sigma_h$—水平有效应力改变量。

图 3-5 TOUGH2 与 FLAC3D 的耦合过程

3.4 TOUGH2 与常用煤层气商用软件对比

本节将通过 TOUGH2 模拟器与常用的煤层气商用软件 GEM,ECLIPSE,COMET2,SIMEDII 以及 GCOMP 进行对比分析。具体的几何模型和参数来自文献[131,132,163]。注气开采过程分为以下四个阶段:

(1) 15 d CO₂注入期(0~15 d),注入率为 328 316.82 m³/d;

(2) 45 d 的井口关闭期(15~60 d);

(3) 60 d 的生产期(60~120 d),最大产气率为 100 000 m³/d,井口压力为 275 kPa;

(4) 62.5 d 关井期(120~182.5 d)。

井口压力随时间变化曲线如图 3-6 所示。模拟结果表明,不同模拟器计算所得井口压力整体呈现相似的变化规律,从而验证了 TOUGH2 中 EOS7C-ECBM 模型在 CO₂-ECBM 开采中的适用性和准确性。

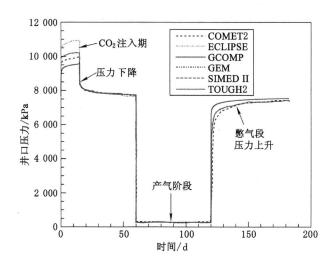

图 3-6　不同煤层气软件模拟的井口压力变化规律

3.5　TOUGH-FLAC 耦合模拟器与有限元软件 COMSOL 对比

本节将 TOUGH2-FLAC 模拟器与多场耦合软件 COMSOL Multiphysics 的计算结果进行对比分析。通过耦合模拟器与耦合软件的互相验证,从而证明 TF 模拟器在 CO_2-ECBM 方面应用的可行性。本节中,模拟使用的软件为 TOUGH2 V2.0,FLAC3D V5.0 以及 COMSOL V5.1。

COMSOL Multiphysics 是商用的有限元数值分析软件。其本质是利用偏微分方程或方程组描述自然界复杂的物理现象,在此基础上用成熟的有限元软件求解方程(组)。该软件内置流场、电场、化学场和固体力学等一系列模块,可以解决单物理场和多物理场的问题,求解过程如下:

(1) 建立一维、二维或三维几何模型;

(2) 选择物理场模块;

(3) 定义材料属性和参数;

(4) 设置初始边界条件;

(5) 网格划分,几何模型离散化;

(6) 选择求解器,设置时间步长和计算;

(7) 结果输出,可视化处理。

3.5.1　问题描述

模型的几何区域如图 3-7 所示。模型在 x,y,z 方向的尺寸分别为 500 m,10 m 和 10 m。FLAC3D 和 COMSOL 的网格划分如图 3-8 所示。在 TOUGH-FLAC3D 边界处对网格进行了细分,从而可以有效地提高数值模拟的稳定性和准确性。值得注意的是,在 COMSOL 中设置边界压力时,需要以脉冲压力函数的形式输入,使得压力值在短时间内从存储压力增至边界开采压力,从而实现煤层气从未开采状态到开采状态的转换。从数值模拟计算角度出发,这也有助于提高其收敛性。在 COMSOL 中,CH₄ 的基本属性参数需要用户自己输入;在 TOUGH2 中,内置的 EOS 可以根据当前的孔压和温度计算出相应的密度和黏度等物理参数。

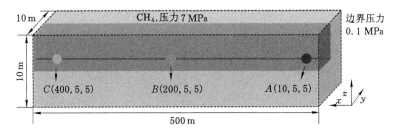

图 3-7　CH₄ 抽采几何模型及其边界条件

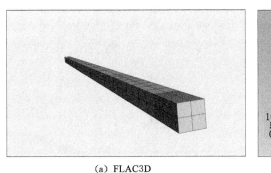

(a) FLAC3D

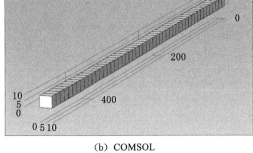

(b) COMSOL

图 3-8　FLAC3D 和 COMSOL 的网格划分示意图

假设模拟区域内充满饱和的 CH₄ 气体,初始的孔隙压力为 7 MPa。甲烷气体从右侧边界不断抽采出,边界压力设定为 0.1 MPa。其他边界均设为不透气边界。模型四周均设定为滚轴约束,顶部为自由。模拟时间设置为 20 a。CBM 开采过程中涉及的物理参数见表 3-2[164]。

表 3-2　CBM 开采过程中涉及的物理参数

变量名称	数值
初始孔隙率 ϕ_0 / %	0.50
初始渗透率 k_0 / m²	5.00×10^{-15}
煤岩弹性模量 E / GPa	3.50
煤岩泊松比 μ	0.25
煤岩密度 ρ_{coal} / (kg/m³)	1 300
湿度值 w_{we}	0.067 2
粉煤灰权重 w_a	0.156
CH₄ 参考密度 ρ_{ga} / (kg/m³)	0.670
CH₄ 黏度 ν_{CH_4} / (Pa·s)	1.30×10^{-5}
CH₄ 压缩系数 C_{CH_4} / Pa⁻¹	1.078×10^{-5}

表 3-2(续)

变量名称	数值
CH4 压力常数 p_L/kPa	4 688.50
CH$_4$ 体积常数 V_L/(m³/kg)	0.015 2
CH$_4$ 应变常数 ϵ_L	0.01

3.5.2 模拟结果对比分析

图 3-9 为 TOUGH-FLAC 和 COMSOL 中孔压云图。由图 3-9 可知,随着煤层气从左侧开采出出,从右侧至左侧开采边界呈现明显的压降,且变化规律类似。图 3-10 给出了 TOUGH2 和 COMSOL 中点 A,B 和 C 处孔隙压力随时间的变化趋势,此处不考虑固体变形对流体的影响。在整个开采过程中渗透率和孔隙率为常数。换而言之,图 3-10 为 TOUGH2 和 COMSOL 仅计算煤层气流动方面的对比结果。图 3-11 给出了 TOUGH-FLAC 和 COMSOL 中点 A,B 和 C 处孔隙压力和渗透率比值随时间的变化趋势。模型中,渗透率和孔隙率分别根据式(3-46)和式(3-44)进行更新。

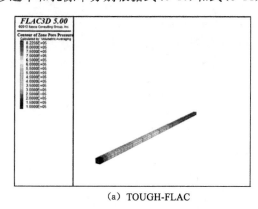
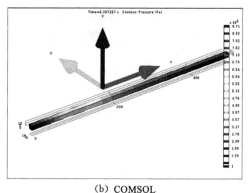

(a) TOUGH-FLAC (b) COMSOL

图 3-9 TOUGH-FLAC 和 COMSOL 中孔压云图

由图 3-10 和图 3-11(a)可知,随着煤层气抽出模拟区域增大,孔压不断降低。在非耦合和耦合模拟结果中,TOUGH-FLAC 和 COMSOL 的孔压曲线趋势和数值基本保持一致。同时,图 3-11(b)中渗透率比值曲线匹配较好。开采初期,孔压的降低和相应有效应力的增加导致裂隙张开度进一步减小。所以,渗透率先是降低到初值的 0.45 左右,随后由于煤层气不断解吸引起基质收缩,裂隙张开度增大,进而引起渗透率的反弹。从图中可知,A 点的反弹范围最大,C 点的反弹范围最小,这主要是因为在距离井口越近的区域,受位移约束边界条件的影响越大,吸附引起的应变越大。渗透率比值反弹至 1 时,表明此时孔压和解吸应变对渗透率的影响相互平衡。之后,解吸应变是影响裂隙张开度的主要因素,继而不断提高渗透率。对比曲线可以发现,TOUGH2-FLAC 和 COMSOL 的计算结果有微小的差异,尤其是在点 A 处,其可能原因如下:

(1) COMSOL 边界处脉冲压力的设定;

(2) COMSOL 中黏度设定为常数;

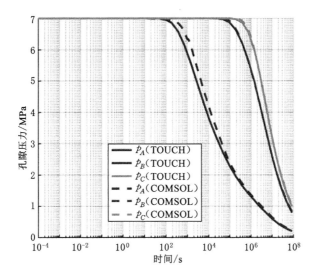

图 3-10 TOUGH2 和 COMSOL 中点 A, B 和 C 处孔隙压力随时间的变化曲线

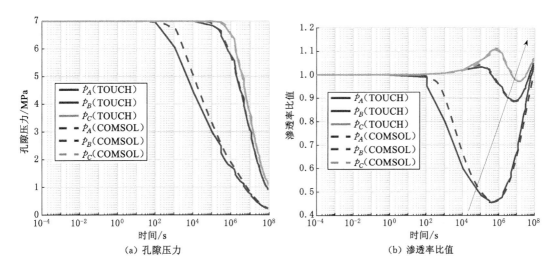

（a）孔隙压力   （b）渗透率比值

图 3-11 TOUGH-FLAC 和 COMSOL 中点 A, B 和 C 处孔隙压力和渗透率比值的随时间的变化曲线

（3）模拟器网格的划分；

（4）采用不同的数值模拟方法。

3.6 本章小结

本节介绍了流体软件 TOUGH2 和岩土工程软件 FLAC3D 的基本理论，将 TOUGH-FLAC 引入 CO₂-ECBM 注气开采中，进行了如下几个方面的分析：

（1）首先修正模拟软件 TOUGH2-7C（ECBM）的溶解度计算模块，并编写相应程序。进一步设计了 TOUGH-FLAC 集成计算模拟方法，进行注气开采流-固-热（THM）耦合分析。通过与常用煤层气商用软件的对比分析，修正模块和集成算法，明显改善了其在常规求解中的计算效率和收敛性。集成算法在热耦合计算中还具有独特优势。

（2）建立流-固-热（THM）耦合作用下的均质煤岩孔隙率和渗透率模型。将模型嵌入流体软件 TOUGH2 中，实现 TOUGH2 和 FLAC3D 的耦合。在煤岩固体变形的本构方程中考虑了热应变及解吸、吸附引起应变的影响，并在 FLAC3D 平台上利用 Fish 语言编程实现。

（3）TOUGH-FLAC 集成模拟器与商用软件 COMSOL 的对比分析表明，TOUGH-FLAC 耦合模拟器和 COMSOL 的计算结果在趋势和数值上匹配较好。模拟器间的相互验证，在一定程度上说明 TOUGH-FLAC 模拟计算煤层气开采的准确性和可行性。

4　注气开采数值模拟和参数敏感性分析

4.1　引言

CO_2-ECBM 在提高煤层气开采率的同时,可实现 CO_2 封存煤层,从而缓解温室效应[143]。本章利用 TOUGH-FLAC 模拟现场五点式注气开采过程。在集成模拟器中嵌入常用煤岩渗透率模型 P&M,C&B 和 S&D。通过等温注气开采模拟分析渗透率模型之间的异同。在非等温注气开采模拟中,重点关注 CO_2-ECBM 过程中的渗透率演化、煤层变形以及井口稳定性。之后通过参数敏感性分析,定量讨论和分析参数对注气开采效率的影响。

4.2　注气开采工程数值模拟

煤储层模拟区域示意图以及物理参数分别见图 4-1 和表 4-1[131-132,163-164]。表 4-1 中标有 * 的变量参数值来自渗透率测试试验标定结果。假设煤层地下埋深为 500 m。由于开采区域具有对称性,取煤储层的四分之一作为研究区域(图 4-1)。数值模拟中,假设煤层高度为 5 m,水平方向的面积为 400 m×400 m。煤层初始孔隙压力和温度分别为 4 MPa 和 30 ℃。40 ℃的 CO_2 通过模型左下角的注入井输送至煤岩储层中,注入速率为 0.12 kg/s。注气井位于模型中心,煤层气开采井位于模型对角线上。模拟开采过程中,假设开采井口的压力和温度分别保持为 0.1 MPa 和 15 ℃。其余的边界为不渗透边界。上方岩层的平均密度 ρ_{ur} 假设为 2 260 kg/m³,根据 $\sigma_v = \rho_{ur}gh$(σ_v 为垂直方向的应力,h 为埋深)可计算出煤层垂直方向的应力为 −11.3 MPa(负号表示煤层处于受压状态)。假设水平方向应力 $\sigma_h = 0.7\sigma_v = -7.9$ MPa。其余边界的力学条件设定为滚轴约束。

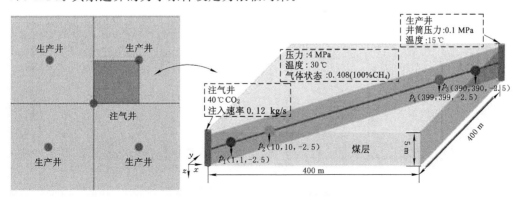

图 4-1　CO_2 注气开采几何模型

表 4-1 CO₂-ECBM 模拟参数

变量名称	数值
煤层厚度/m	5.00
初始孔隙率 ϕ_0/%	2.7
初始渗透率 k_0/m²	1×10^{-14}
气相扩散系数/(m²/s)	1×10^{-5}
液相扩散系数/(m²/s)	1×10^{-10}
煤岩弹性模量* E/GPa	3.50
煤岩泊松比* μ	0.25
煤岩密度* ρ_{coal}/(kg/m³)	1 300
湿度值* w_{we}	0.067 2
粉煤灰权重* w_a	0.156
煤层热传导率/[W/(m·℃)]	2.51
煤颗粒比热容/[J/(kg·℃)]	920
热膨胀系数/℃$^{-1}$	3.3×10^{-5}
m	0.457
残余水饱和度 S_{lr}	0.0
$1/p_0$/Pa^{-1}	5.105×10^{-5}
束缚水饱和度 S_{ls}	1.0
CH₄ 朗缪尔压力常数 p_{LCH_4}/kPa	4 688.50
CH₄ 朗缪尔体积常数 V_{LCH_4}/(m³/kg)	0.015 2
CH₄ 朗缪尔应变常数 ε_{LCH_4}	0.006
CO₂ 朗缪尔压力常数 p_{LCO_2}/kPa	1 903
CO₂ 朗缪尔体积常数 V_{LCO_2}/(m³/kg)	0.031 0
CO₂ 朗缪尔应变常数* ε_{LCO_2}	0.012

图 4-2 为 TOUGH2 中水平(左侧)和垂直方向的模拟网格。在 TOUGH2 中,网格是以单元中心节点的位置来划分的。在采气井和注汽井附近区域、网格需要进一步优化和细化,从而提高计算的准确性和稳定性。

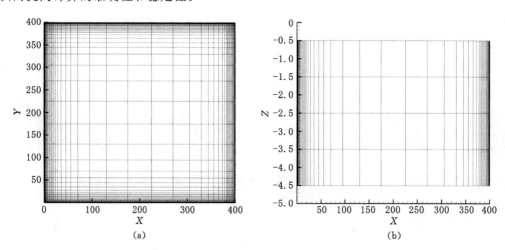

(a)　　　　　　　　　　　　　(b)

图 4-2 TOUGH2 中水平(左侧)和垂直方向的网格图

4.3 模拟结果分析

4.3.1 恒温注气开采

在 TOUGH-FLAC 中,除了第 3 章提出的孔隙率和渗透率动态模型之外,其余 3 个应用比较广泛的 P&M,C&B,S&D 渗透率模型将被嵌入模拟器之中。P&M,C&B,S&D 的数学表达式见表 4-2。

表 4-2　CO$_2$-ECBM 模拟参数

模型名称	孔隙率	渗透率
P&M	$\phi_{P\&M}=\phi_0+\dfrac{\alpha}{K}\Delta\sigma_m{'}$	$\dfrac{k_{P\&M}}{k_0}=\left(1+\dfrac{\alpha}{K\,\phi_0}\Delta\sigma_m{'}\right)^3$
C&B	$\phi_{C\&B}=\phi_0\exp\left(\dfrac{\Delta\sigma_m{'}}{K_p}\right)$	$\dfrac{k_{C\&B}}{k_0}=\phi_0\exp\left(\dfrac{3\Delta\sigma_m{'}}{K_p}\right)$
S&D	$\phi_{S\&D}=\phi_0\exp\left(\dfrac{\Delta\sigma_h{'}}{K_p}\right)$	$\dfrac{k_{S\&D}}{k_0}=\phi_0\exp\left(\dfrac{3\Delta\sigma_h{'}}{K_p}\right)$

由于 P&M,C&B,S&D 模型在推导过程中未考虑温度对渗透率的影响,因此本节首先假设整个模拟过程为恒温过程,只考虑孔隙压力和基质吸附/解吸对渗透率的影响。图 4-3 为注入井和开采井附近渗透率随时间的变化曲线。图 4-4 为孔压 P、气态 CO$_2$ 和 CH$_4$ 饱和度($S_g^{CO_2}$ 和 $S_g^{CH_4}$)随时间的变化曲线。$S_g^{CO_2}$ 和 $S_g^{CH_4}$ 分别由 $X_g^{CO_2}S_g$ 和 $X_g^{CH_4}S_g$ 计算得到,其中 $X_g^{CO_2}$ 和 $X_g^{CH_4}$ 表示气体 CO$_2$ 和 CH$_4$ 的质量分数。由图 4-3 可知,不同模型模拟得到的渗透率曲线变化趋势大致一样,在一定程度上再次验证了 M&R 渗透率模型的准确性。在大约 2×10^4 s(5.56 h)时刻,注气井口附近的渗透率有所增大,这主要是因为在多孔弹性介质中应变和位移的传递较为快速。随后,由于基质吸附大量 CO$_2$ 而膨胀变形,随即压缩割理,因此渗透率在短时间内出现大幅度下降。在注气大约 5×10^4 s(大约 13.8 h)之后,由于孔隙压力的不断增大,渗透率出现小幅反弹;在开采井附近,由于 CH$_4$ 的产出,孔压将会降低,从而引起有效应力的上升。由式(3-46)可知,渗透率会降低。在大约 1×10^7 s(116 d)之后,下降将被抑制,甚至出现小幅上升。究其原因,是由于模拟中后期煤储层中相对较低的孔隙压力。同时,在此孔压范围内孔压的变化引起较为明显的解吸变形量。上述模拟结果表明,P&M,C&B 和 M&R 模拟结果相差较小。然而,S&D 模型与其余三个模拟结果有所差异,这种差异源于不同渗透率模型主控变量之间的差异。S&D 模型假设渗透率受水平有效应力的影响,而其余模型则认为平均有效应力是影响渗透率的主要变量。

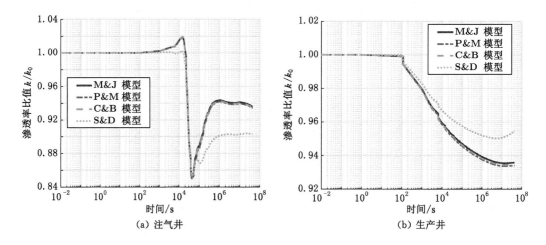

图 4-3　注气井和生产井附近的渗透率比值随时间的变化曲线

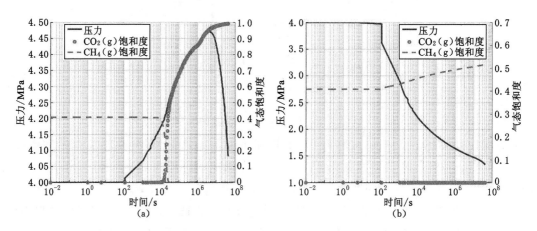

图 4-4　点 P1 和 P3 处孔压及 CO_2 和 CH_4 气态饱和度随时间的变化曲线

4.3.2　非恒温注气开采

本节将分析 CO_2 注气提高煤层气采气率的流-固-热耦合模型的模拟结果。图 4-5 为孔隙压力 P、温度 T、液相饱和度 S_L 和气态 CO_2 质量分数 $X_g^{CO_2}$ 在注气 1 000 d 后的空间分布图。由图 4-5(a)和图 4-5(b)可知,在注气井附近孔压和温度随之上升,在生产井附近则有所下降。同时,由于 CO_2 不断被注入煤层中,将驱替水和甲烷,加速其运移至生产井口方位。

注气井附近点 P_1 和 P_2 及生产井附近 P_3 和 P_4 的孔压、温度、气体饱和度和垂直位移随时间的变化曲线如图 4-6(a)至图 4-6(d)所示。其中,直线表示四个变量在注气井口处 P_1 和 P_2 的变化曲线;虚线则为变量在生产井附近点 P_3 和 P_4 的变化曲线。随着 CH_4 和水从生产井中不断被开采出来,井口附近的孔隙压力持续下降从而导致煤层位移增大,引发地层沉降。点 P_3 和 P_4 处最大位移变化量分别大约为 -0.2 mm 和 -0.1 mm(负号表示下沉)。模型中设定生产井的温度和液体饱和度值低于煤层,因此温度和液态饱和度值也随着时间而减小。

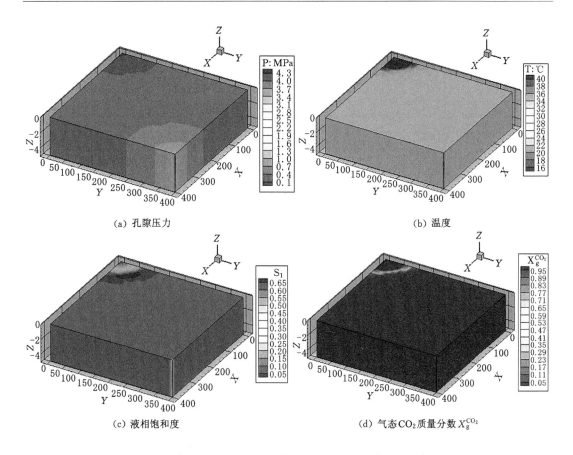

(a) 孔隙压力　　　　　　　　　　　　(b) 温度

(c) 液相饱和度　　　　　　　　　(d) 气态 CO_2 质量分数 $X_g^{CO_2}$

图 4-5　注气开采 1 000 d 的孔隙压力 P、温度 T、液相饱和度 S_L 和
气态 CO_2 质量分数 $X_g^{CO_2}$ 的空间分布图

在注气开采大约 100 s 之后，P_1 处的孔隙压力小幅上升，这主要是由于注入的 CH_4 开始流动到此处。与此同时，温度、饱和度以及位移也相继发生改变。由于 CO_2 的溶解度大概是 CH_4 的 20 倍，因此气体饱和度会先降低，随后再稳定上升。由热力学平衡方程可知，孔压波动会引发温度场的变化。模拟结果中，当温度到达峰值 42 ℃ 左右之后，将持续降低。在开采后期，由于生产井的影响区域扩大至注气井附近，P_1 和 P_2 处的孔压将会有所减小。开采前期由于 CO_2 的持续注入，将增加 P_1 和 P_2 处的垂直位移。在大约 5.79 d（$5×10^5$ s）后，垂直位移将持续下降（但与初值相比，煤层依然保持凸起状态），主要原因是孔压和温度降低，以及煤基质趋于吸附平衡状态后，膨胀变形量减小。

吸附引起的应变随时间的变化曲线如图 4-7 所示。根据式（3-30）可知，吸附产生的应变量为 CO_2 和 CH_4 引起应变的总和，大约为 $+4.4×10^{-3}$（正号表示吸附应变，负号表示收缩应变）。假设单元的边界条件为四周固定，则 $+4.4×10^{-3}$ 的吸附应变将会引起约 10 MPa 的应力改变量。同时，根据热膨胀系数为 $3.3×10^{-5}$ ℃$^{-1}$，温度改变量约为 12 ℃，煤的体积模量为 2.333 GPa，计算可得注气井附近由热膨胀产生的最大应力值约为 2.7 MPa。在整个注气过程中，注气井口附近孔隙压力的最大改变量仅为 0.5 MPa。因此，与孔隙压力相比较，温度和吸附引起的应力相对较大，且后者影响更大。

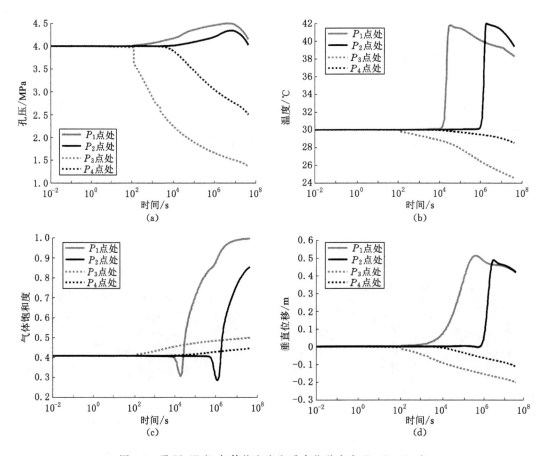

图 4-6　孔压、温度、气体饱和度和垂直位移在点 P_1，P_2，P_3 和
P_4 处随时间的变化曲线

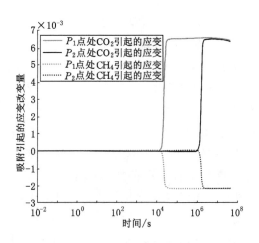

图 4-7　吸附引起的应变改变量随时间的变化曲线

　　图 4-8 为 P_1 和 P_2 点及 P_3 和 P_4 点总应力和有效应力随时间的变化曲线。在非等温注气开采过程中，总应力的改变量来自孔压、CO_2 吸附或 CH_4 解吸引起的基质膨胀或收缩、热应力。P_1 和 P_2 点处的总应力和有效应力变化趋势大体一致[图 4-8(a)]。由于孔压的增

大,总压缩应力有所减小。随后,大量的 CO_2(温度高于煤层)吸附于煤基质,使得总应力剧烈上升至峰值-13.8 MPa。图 4-8(b)为 P_3 和 P_4 点处总应力和有效应力随时间的变化曲线。在开采过程中,有效应力总保持上升趋势,这主要是因为孔压在整个过程中占据了主导作用。随后,由于煤基质解吸和温度下降引起的应力,总应力持续减小。

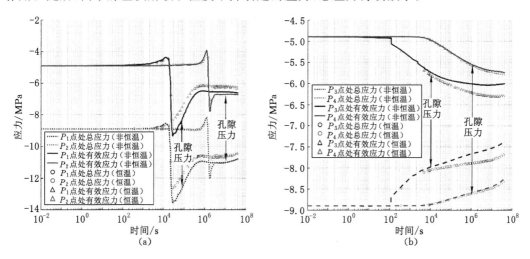

图 4-8　P_1 和 P_2 点及 P_3 和 P_4 点处总应力和有效应力随时间变化曲线

图 4-9 为 P_1 和 P_2 及 P_3 和 P_4 点处水平方向和垂直方向有效应力随时间变化曲线。由于水平方向和垂直方向的力学边界约束条件不同,从而其应力变化趋势不同。对于自由边界,解吸或者吸附将会引起基质变形而不会引起应力变化;对于四周约束的单元体,吸附和温度的影响将完全体现在应力的变化上。P_1 和 P_2 点处的垂直方向和水平方向应力主要受基质膨胀的影响;而 P_3 和 P_4 点处影响应力的主控因素为孔隙压力。同时,由图 4-8(a)和图 4-9(a)可知,吸附和热量的影响集中体现在井口附近,其影响随着与距井口的距离的增加而削弱。

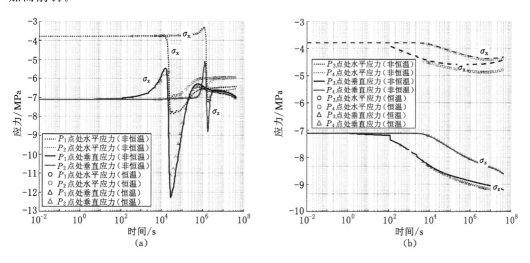

图 4-9　P_1 和 P_2 点及 P_3 和 P_4 点处水平和垂直方向有效应力随时间的变化曲线

4.4 井口稳定性分析

上节提到吸附和热量的影响在井口附近明显,因此本节将重点分析注气开采过程中井口附近单元的稳定性。P_1 和 P_3 点处的有效应力路径曲线分别如图 4-10(a)和图 4-10(b)所示。屈服面满足莫尔-库仑准则,表达式如下:

$$\sigma_1{}' = \frac{2C'\cos\varphi_f}{1-\sin\varphi_f} + \frac{1+\sin\varphi_f}{1-\sin\varphi_f}\sigma_3{}' \tag{4-1}$$

式中,$\sigma_1{}'$,$\sigma_3{}'$ 为最大和最小有效主应力;C' 为内聚力,假设为 0;φ_f 为煤的内摩擦角,实验室测试的变化范围为 $30° \sim 67.8°$[22]。在本书中,内摩擦角 φ_f 设定为最小值 $30°$。因此,如果 $\sigma_1{}' \geqslant 3\sigma_3{}'$,煤岩将发生破坏。本节将分析三种不同的初始应力比值 σ_h/σ_v(σ_h 为水平应力,σ_v 为垂直应力)时的模拟结果。三种不同的应力状态分别表示延展型($\sigma_h/\sigma_v=0.7$)、各向同性型($\sigma_h/\sigma_v=1.0$)、压缩型($\sigma_h/\sigma_v=1.5$)初始地应力煤层。

如图 4-10(b)所示,由于内部气体消耗,P_3 点处的有效应力持续增大。在煤层气开采过程中,生产井井口附近的 P_3 点处有效应力自始至终未能达到屈服,因此未发生破坏。随着持续注入 CO_2,各向同性型和压缩型初始地应力煤层的 P_1 点处的应力没有发生屈服;在延展型初始地应力煤层中,由于水平方向和垂直方向的力学边界约束条件的差异产生明显的剪应力,导致 P_1 点处的有效应力快速达到屈服。大约 20 275 s(5.63 h)后,应力路径开始远离屈服面,这主要是因为吸附和热膨胀引起最大主应力和最小主应力剧烈增大。初始地应力是井口稳定性潜在的重要影响因素。模拟结果表明,延展型初始地应力更易诱发井口附近产生破坏。注入 CO_2 气体可提高煤层气开采效率,但注气初期容易造成井口损伤,存在漏气风险。井口压裂产生的新裂隙造成气体外泄,直接影响注气效果,如果裂隙连通煤层与含水层,泄漏气体还将导致地下水源受到污染。因此要适当控压,尽量采用逐级增压技术。

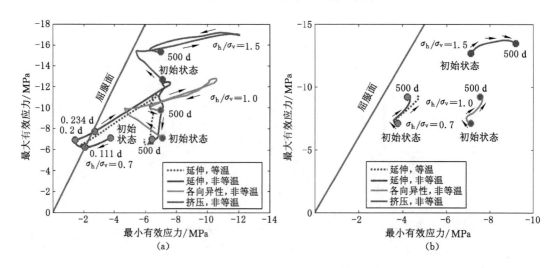

图 4-10 注气井和生产井附近应力路线图

4.5 参数的敏感性分析

在注气开采过程中,注气率和产气量是直接影响经济效益的两个重要因素,同时是工业界关注的重点。本节将系统地量化分析各参数对注气和开采效率的影响。首先,设定基准模型方案。然后,在此基础上各参数上下浮动 20%,分别作为模拟参数变量的下限值和上限值。在不同的模拟方案中,煤层厚度、开采区域和初始孔隙率等 14 个变量的值见表 4-3。由于模拟过程中假设注气速率不变,因此本节将注气引发孔压的变化量作为评价注气效率的参考指标。

表 4-3 敏感性分析参数表

序号	变量	下限值	参考数值	上限值
1	煤层厚度/m	8.00	10.00	12.00
2	开采区域/m²	400×400	500×500	600×600
3	初始孔隙率 ϕ_0/%	8	10	12
4	初始渗透率 k_0/m²	8.00×10^{-15}	1.00×10^{-14}	1.20×10^{-14}
5	煤岩弹性模量 E/GPa	2.40	3.00	3.60
6	初始气体饱和度 S_g	0.40	0.50	0.60
7	初始储层压力 p_0/MPa	4.0	5.0	6.0
8	CO_2 注入率/(kg/s)	0.08	0.10	0.12
9	CH_4 朗缪尔压力常数 p_{LCH_4}/MPa	4.0	5.0	6.0
10	CH_4 朗缪尔体积常数 V_{LCH_4}/(m³/kg)	0.008	0.010	0.012
11	CH_4 朗缪尔应变系数 ε_{LCH_4}/(kg/m³)	0.48	0.60	0.72
12	CO_2 朗缪尔压力常数 p_{LCO_2}/MPa	1.6	2.0	2.4
13	CO_2 朗缪尔体积常数 V_{LCO_2}/(m³/kg)	0.024	0.030	0.036
14	CO_2 朗缪尔应变系数 ε_{LCO_2}/(kg/m³)	0.32	0.40	0.48

4.5.1 煤层厚度和可开采区域

煤层厚度和可开采煤层气区域对注气井口附近的孔隙压力和开采量的影响如图 4-11 和图 4-12 所示。煤层厚度和开采区域直接影响开采的总体积,因此,煤层厚度或者开采区域的增大都会促进开采量的提升[图 4-11(b)和图 4-12(b)]。模拟中注气井的气体注入率为常量,因此单位时间内注入的 CO_2 总量一定。水平方向的网格尺寸保持一定,厚度的增加将会降低注气引起的储层压力增加量的峰值[图 4-11(a)]。而煤层开采区域的增加,表明注入 CO_2 具有更广阔的存储空间,促进更多的 CO_2 以吸附态和游离态封存于基质和割理中,进而提高了注气引起的孔压增加量[图 4-12(a)]。

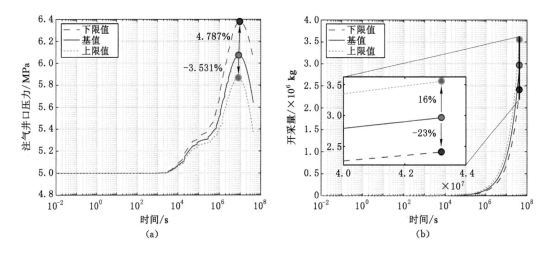

图 4-11　煤层厚度对注气井口压力和开采量的影响

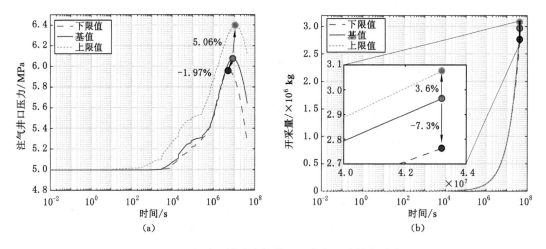

图 4-12　开采区域对注气井口压力和开采量的影响

4.5.2　初始煤层孔隙率

图 4-13 为初始煤层孔隙率对注气井口压力和开采量的影响。孔隙率的增大有助于提高注气压力，延后注气到达峰值的时间。孔隙率变化 20%，注气井口的压力峰值分别变化了 −0.7% 和 0.63%。同时，孔隙率的增大将提高煤层气开采量，20% 孔隙率的变化将带来开采量 −2.62% 和 2.98% 的波动。由于模型中其他量为定值，孔隙率的增大提高了煤岩的贯通性，有助于流体的运移，从而促进 CO_2 的注入和 CH_4 的开采。

4.5.3　初始煤层渗透率

初始煤层渗透率对注气井口压力和开采量的影响如图 4-14 所示。注气井口附近的孔压的峰值随着渗透率的增大而减小，而煤层气的开采量恰恰相反。渗透率变化 20% 分别引起煤层气开采量变化 −18% 和 13%。根据达西定律，孔压和流体的运动黏度不变

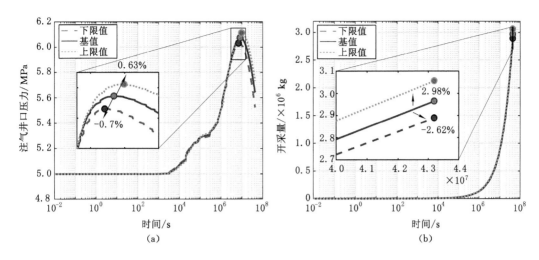

图 4-13　煤层初始孔隙率对注气井口压力和开采量的影响

时,渗透率的增大提高了流体的运移速度。因此,CO_2 快速流至煤层驱使和替换 CH_4,进而提高煤层气的开采量。在实际开采过程中,对于低渗透煤层,常使用水力压裂和支撑剂等增透的工业技术来提高产能。图 4-14 为初始煤层渗透率对注气井口压力和开采量的影响。

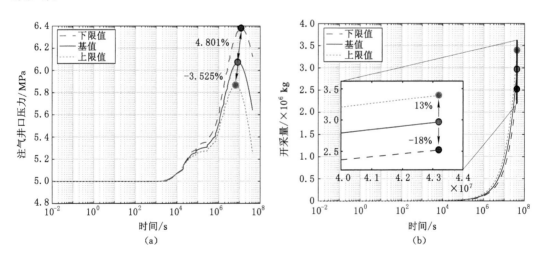

图 4-14　初始煤层渗透率对注气井口压力和开采量的影响

4.5.4　弹性模量

煤层弹性模量对注气井口压力和开采量的影响如图 4-15 所示。由图 4-15(a)可知,弹性模量的变化对注气引起的孔压变化影响很小。由图 4-15(b)可知,弹性模量的增大,将提高煤层气的开采量。随着开采的进行,煤层孔隙压力降低导致有效应力的增大。同等有效应力变化量时,弹性模量较小的煤层引起的割裂压缩变形量较大,渗透率显著降低。

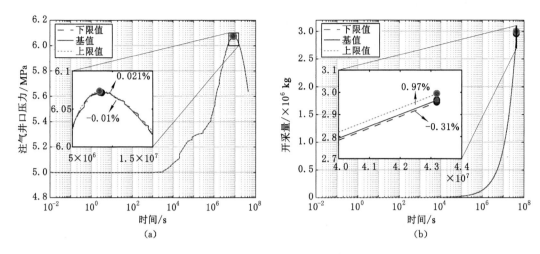

图 4-15   弹性模量对注气井口压力和开采量的影响

4.5.5   初始气体饱和度影响

图 4-16 为初始气体饱和度对注气井口压力和开采量的影响。由式(3-3)和式(3-16)可知,饱和度是影响割裂中游离态气体含量以及气体相对渗透率的重要因素之一。因此,随着气体饱和度的增大,游离态的煤层气含量及相对渗透率将有所增大。初始气体饱和度增大和减小 20%,煤层气的开采量提高了 20% 和−30%。注气井口的压力随着气体饱和度的减小而增大,主要原因是气体相对渗透率的减小,降低了 CO_2 的流动性,大量气体聚集在注气井口附近,导致孔隙压力上升。

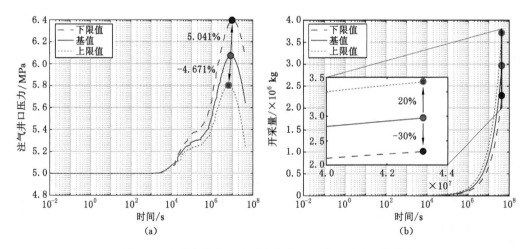

图 4-16   初始气体饱和度对注气井口压力和开采量的影响

4.5.6   初始储层压力

煤层的储层压力是煤层气含量的是一个重要指标。对于完全气体饱和的煤层而言,存储压力越高,表明煤层气含量越丰富,更具有开采的经济价值。图 4-17(a)表明初始存储压力越大,注气井口附近的孔隙压力改变量峰值越小。图 4-17(b)表明煤层初始存储压力增大 20%,气体开采量将提高 25%;减少 20%,开采量降低 43%。由此可见,开采前首先需要对煤层进行初步评估,尤其是存储压力的测定,从而确定煤层是否具有开采的价值。

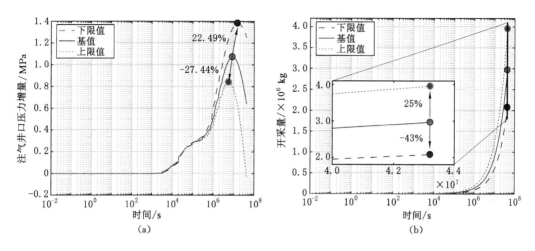

图 4-17 初始储层压力对注气井口压力增量和开采量的影响

4.5.7 CO_2 注入率

CO_2 注入率对注气井口压力和开采量的影响如图 4-18 所示。CO_2 注入率的增大,提高了注气井口的孔压。同时,更多的煤层气将会被驱替,从而提高了煤层气的开采量。该结论从一定程度上说明 CO_2 注入煤层是提高煤层气开采量行之有效的方法。

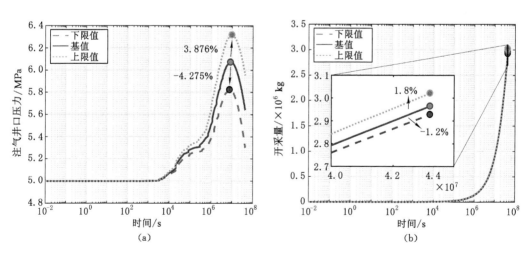

图 4-18 CO_2 注入率对注气井口压力和开采量的影响

4.5.8 CH_4 和 CO_2 的朗缪尔压力常数

CH_4 和 CO_2 的朗缪尔压力常数对注气井口压力和开采量的影响分别如图 4-19 和图4-20

所示。由式(3-30)可知,CH_4 和 CO_2 的朗缪尔压力常数的增大将会减小 CH_4 和 CO_2 解吸和吸附引起的基质收缩和膨胀的变形量。如图 4-20(b)可知,CH_4 的朗缪尔压力常数的减小,基质收缩变形增大,从而有助于提高割裂的张开度,进而提高煤层的渗透率,因此煤层气的开采量也有所增加。如图 4-20(a)可知,CO_2 的朗缪尔压力常数的减小增加了基质吸附 CO_2 后引起的膨胀变形量,降低了煤层割理的绝对渗透率,降低注气井附近的孔压。

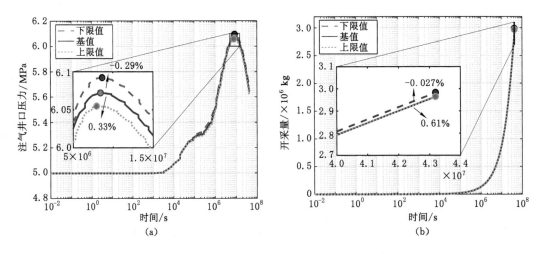

图 4-19　CH_4 朗缪尔压力常数对注气井口压力和开采量的影响

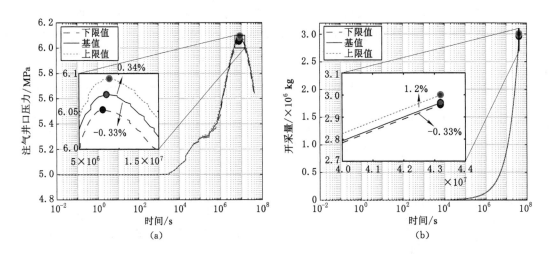

图 4-20　CO_2 朗缪尔压力常数对注气井口压力和开采量的影响

4.5.9　CH_4 和 CO_2 的朗缪尔体积常数

CH_4 和 CO_2 的朗缪尔体积常数对注气井口压力和开采量的影响分别如图 4-21 和图 4-22 所示。根据式(3-30)可知,朗缪尔应变系数保持一定,CH_4 和 CO_2 解吸和吸附引起的基质收缩和膨胀的变形量,随着 CH_4 和 CO_2 的朗缪尔体积常数的增大而变大。如图 4-22(b)可知,CH_4 的朗缪尔体积常数的增大,增大了基质收缩变形,从而有助于提高割裂的张开度和渗透率,因此煤层气的开采量也有所增加。由图 4-22(a)可知,由于 CO_2 的朗缪尔体积常数减小,基质吸附CO_2后引起的膨胀变形量减少,注气井附近的孔隙压力减小。

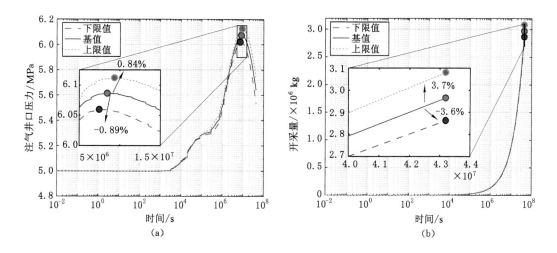

图 4-21 CH_4朗缪尔体积常数对注气井口压力和开采量的影响

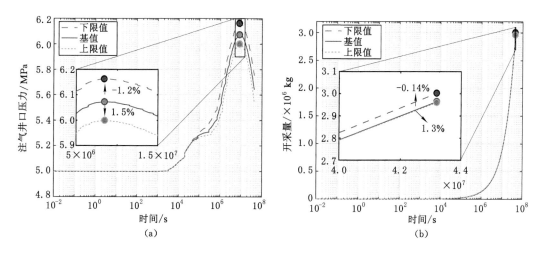

图 4-22 CO_2朗缪尔体积常数对注气井口压力和开采量的影响

4.5.10 CH_4和CO_2朗缪尔应变系数

CH_4和CO_2朗缪尔应变系数对注气井口压力和开采量的影响分别如图 4-23 和图4-24所示。朗缪尔应变系数的增大,由式(3-30)计算可得,增大了 CH_4 和 CO_2 解吸和吸附引起的基质收缩和膨胀的变形量。由图 4-23(b)可知,较大的 CH_4 朗缪尔应变系数能够增大基质收缩变形,增宽割裂的张开度,进而提高煤层的渗透率,因此提高了煤层气的开采量。由图 4-24(a)可知,CO_2 的朗缪尔体积常数的减小降低了基质吸附 CO_2 后引起的膨胀变形量,有助于提高割理的绝对渗透率,进而降低注气井附近的孔压。

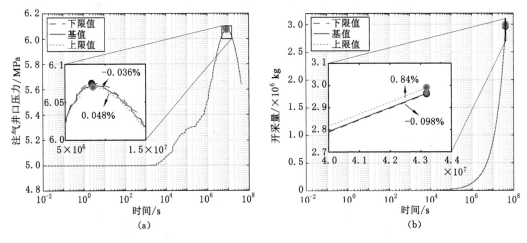

图 4-23 CH_4 朗缪尔应变系数对注气井口压力和开采量的影响

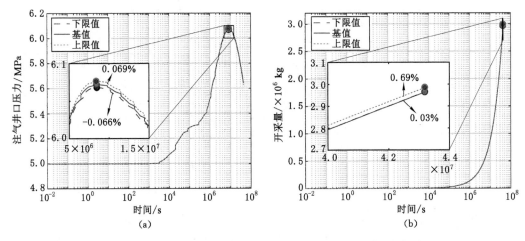

图 4-24 CO_2 朗缪尔应变系数对注气井口压力和开采量的影响

4.6 结果讨论

图 4-25 为表 4-3 中 14 个参数变化±20%引起的注气井口压力和开采量的变化量柱形图。由图可知,影响注气开采较为明显的变量为煤层厚度、可开采区域面积、储层压力以及初始气体饱和度,上述变量均为煤储层的自然属性。同时,也是评估煤层是否具有 CO_2 封存和煤层气开采的商业价值的重要参数。因此,在注气开采前需要通过地质勘查等手段进行注气开采的可行性分析。除了上述 4 个变量外,煤层的渗透率和孔隙率也是影响注气开采的重要因素。为了提高注气开采的效果,工业界采用不同的压裂技术,例如水力压裂、气体压裂和泡沫压裂等,来提高煤层的渗透性和流通性,在降低注气成本的同时提高经济效益。

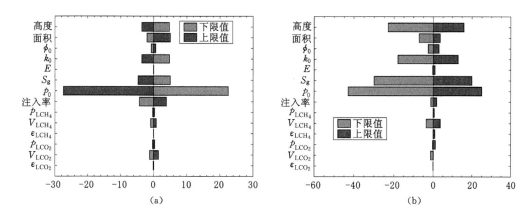

图 4-25　参数变化引起的注气井口压力和开采量的变化量柱形图

4.7　本章小结

本章将上一章介绍的 TOUGH-FLAC 集成模拟器和建立的 CO_2-ECBM 理论应用于现场五点式注气开采过程中,主要结论如下:

(1) 在集成模拟器中嵌入常用煤岩渗透率模型 P&M、C&B、S&D 和本书动态模型 M&R 开展恒温模拟。四个模型的恒温模拟结果基本相似,注气井和生产井附近的渗透率曲线预测变化趋势基本一致。受主控变量(水平有效应力和平均有效应力)的影响,S&D 模型预测渗透率较其他模型有一定差异。

(2) 非等温注气模拟结果显示,生产井附近的孔压、温度、液相饱和度和垂直方向位移随时间不断减小;生产井附近则相反,各变量整体呈上升趋势。

(3) 注气井附近由于孔压降低,水平方向和垂直方向的有效应力随之增大,从而导致其应力状态远离屈服面,损伤破坏趋势减弱。恒温和非等温注气初期都容易造成注气井口损伤,温度效应则加剧损伤,甚至会引起井口煤岩产生新的破裂,严重时会造成气体逃逸而影响注气效果,如果裂隙连通煤层与含水层,泄漏气体还将污染地下水源。

(4) 控制参数敏感性分析表明,除煤层厚度、采区范围、储层压力和初始气体饱和度之外,煤层渗透率是影响注气开采效率的首要控制参数。

5 储层压裂联合注气开采实效分析

5.1 引言

由第 4 章参数敏感性分析结果可知,渗透率不仅是影响注气增采的主要参数之一,还是工业界提高产能的可控参数。对于低渗透率的煤储层开采,水力压裂是行之有效的工业技术。由平行板渗流试验可知,裂隙的渗透率与其张开度成三次方关系,因此裂隙张开度的微小改变将会导致渗透率的显著变化[165-166]。裂隙张开量同时受法向应力和切向应力影响。在此基础上,建立煤岩裂隙各向异性渗透率模型,结合第 3 章建立的等效均质渗透率和孔隙率方程及本章建立的双孔双渗的理论和数值模型,对现场问题进行模拟分析。

5.2 裂隙各向异性渗透率动态演化

假设不考虑裂隙连通程度的影响,煤储层中压裂产生的裂隙渗透率由 x,y,z 三个方向的平行板裂隙模型渗透率进行叠加,如图 5-1 所示[36]。因此,某个方向的渗透率由与其相互垂直裂隙的张开度和基质宽度决定。根据三次方定律,得出各方向渗透率表达式为:

$$k_{fx} = \frac{b_y{}^3 + b_z{}^3}{12(a_y + a_z)} \qquad (5\text{-}1)$$

$$k_{fy} = \frac{b_x{}^3 + b_z{}^3}{12(a_x + a_z)} \qquad (5\text{-}2)$$

$$k_{fz} = \frac{b_x{}^3 + b_y{}^3}{12(a_x + a_y)} \qquad (5\text{-}3)$$

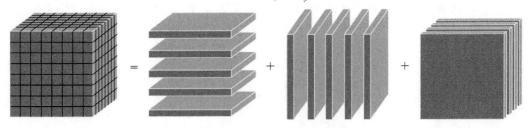

图 5-1 组合裂隙三向平板简化模型

式(5-1)、式(5-2)和式(5-3)的张量表达式为:

$$k_{fj} = \sum_{i=1}^{3} \frac{b_i{}^3}{12a_i} \quad (i = j) \qquad (5\text{-}4)$$

式中,a 为裂隙间距;b 为裂隙张开度。

J. Rutqvist 指出裂隙张开度主要受控于当前有效正应力,且两者满足相应的指数关系[148],正应力引起的裂隙张开度变化量可通过如下公式计算得到:

$$\Delta b_{in} = b_{imax}\left[\exp(d\times\sigma_{ni}) - \exp(d\times\sigma_{n0})\right] \tag{5-5}$$

式中,b_{imax} 为最大裂隙张开度;σ_{n0},σ_{ni} 为初始和当前正应力。

因此,当前的裂隙张开度可表示为:

$$b = b_{in} + b_{imax}\left[\exp(d\times\sigma_{ni}) - \exp(d\times\sigma_{n0})\right] \tag{5-6}$$

裂隙张开度与残余裂隙张开度的关系式为:

$$b = b_{r} + b_{imax}\left[\exp(d\times\sigma_{ni})\right] \tag{5-7}$$

式中,d 为与图 5-2 中曲率半径相关的参数。

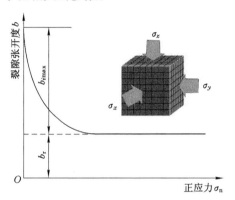

图 5-2　煤岩裂隙张开度与正应力的关系曲线

同时,注采过程中剪应力/剪应变引起的剪胀效应将影响裂隙张开度量[167-168],表达式如下:

$$\Delta b_{ish} = \sum_{i\neq j}\Delta e_{ijsh}\left(a_{i0} + \frac{G}{K_{sh}}\right)\tan\varphi_{d} \tag{5-8}$$

式中,Δe_{ijsh} 为剪切应变;G 为剪切模量;K_{sh} 为剪切刚度;φ_{d} 为膨胀角。

因此,裂隙张开度的总变化量 Δb_{i}:

$$\Delta b_{i} = \Delta b_{in} + \Delta b_{ish} \tag{5-9}$$

将式(5-9)代入式(5-4),可得:

$$k_{fj} = \sum_{i=1}^{3}\frac{(b_{i0} + \Delta b_{i})^{3}}{12 a_{i}} \tag{5-10}$$

此外,煤岩裂隙的孔隙率可通过下式计算得到[169]:

$$\phi_{f} = 1 - (1 - \phi_{f0})\exp(-\Delta\varepsilon_{f_{v}}) \tag{5-11}$$

式中,ϕ_{f0} 为初始裂隙率。

式(5-10)与式(5-11)为煤岩裂隙各向渗透率和孔隙率方程。

5.3　几何模型及物理参数

图 5-3 为现场五点式压裂联合注气开采井口分布图。注气井位于中间位置,四口生产井位于其四周。水力压裂产生的裂隙位于所有井的水平方向。图 5-4 为水力压裂数值模拟

几何模型。

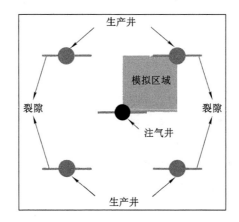

图 5-3   现场五点式压裂联合注气开采井口分布图

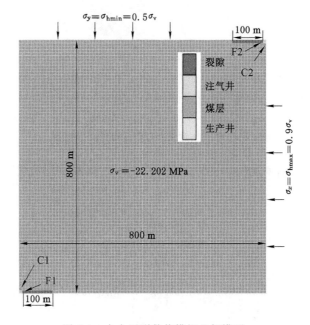

图 5-4   水力压裂数值模拟几何模型

煤层埋深为 1 km，上层岩石平均密度假设为 2 260 kg/m³，计算可得煤层顶部垂直应力 σ_v 为 -22.3 MPa。水力压裂产生的裂缝长度设置为 0.1 km，x 方向水平应力 $\sigma_x = \sigma_{hmax} = 0.9\sigma_v$，大于 y 方向的水平应力 $\sigma_y = \sigma_{hmin} = 0.5\sigma_v$。模型初始条件为：储层压力 $P = 5$ MPa，储层温度 $T = 30$ ℃。假设模型边界无水平位移，初始气相饱和度 $S_g = 0.408$。注气速率设置为 0.20 kg/s，注气温度取 45 ℃。生产井初始温度和压力设置为 15 ℃和 0.275 MPa。数值模拟中的煤层参数和裂隙参数见表 5-1。

图 5-4 中裂隙单元的弹性模量 E_f 可按下式计算得到[170]：

$$\frac{1}{E_f} = \frac{1}{E_r} + \frac{1}{k_n a} \tag{5-12}$$

式中，E_r 完整煤岩的弹性模量，为 3.0 GPa；k_n 为裂隙法向刚度，为 5 GPa/m；a 为裂隙间距

10 m。假设裂隙和煤岩的泊松比相等,同为0.3。

表 5-1　煤层及裂隙参数

参数	数值	参数	数值
煤层厚度/m	5.00	模型边长/m	800
初始孔隙率 ϕ_0/%	10	裂隙弹性模量 E_f/GPa	2.83
初始渗透率 k_0/m²	1.00×10^{-14}	裂隙泊松比 μ_f	0.30
煤岩弹性模量 E_r/GPa	3.0	裂隙初始孔隙率 ϕ_f	0.50
煤岩泊松比 μ_r	0.3	裂隙初始渗透率 K_f	1.00×10^{-13}
煤层裂隙张开度 b_0/m²	$1.817\,1\times10^{-4}$	曲率参数 d/Pa^{-1}	1.10×10^{-6}

5.4　结果讨论与分析

图 5-5 为注气增采前期(10 d)、中期(100 d)和后期(1 a)(A-C)孔隙压力和(a-c)气态 CO_2 质量分数 $X_g^{CO_2}$ 的分布图。由图可知,随着 CO_2 的不断注入,注气井口附近的孔隙压力和 CO_2 含量不断增加。裂隙延展方向孔压和 CO_2 含量的变化更为明显。为了更为直观地观测裂隙对注气和开采的影响,注气开采前期、中期和后期孔隙压力和 CO_2 质量分数沿水平监测线($y=5$ m)的分布如图 5-6 所示。

由图 5-6(a)可知,裂隙中的孔隙压力随时间的变化率($\mathrm{d}P/\mathrm{d}t$)和单位长度的变化量($\mathrm{d}P/\mathrm{d}x$)相比,煤岩单元体更为显著,原因是裂隙的初始渗透率更大且模型不考虑裂隙中煤层气的吸附量,而二者都会提高 CO_2 的注入效率。注气 10 d 时,裂隙注气口孔压为 7 MPa;注气 100 d 时,裂隙注气口孔压达到 10 MPa;注气 1 a 后,裂隙注气口位置的孔压增加至 14.5 MPa。由图 5-5(a)至图 5-5(c)和图 5-6(b)可知,CO_2 在水平方向的运移距离大于垂直方向。与 CH_4 相比,CO_2 具有较强的吸附性。由于模型不考虑解吸和吸附的时间效应,因此 CO_2 将游离态和吸附态的 CH_4 完全驱替。注气前期、中期和后期,CO_2 在水平方向将流动至距井口 100 m、150 m 和 240 m 处。

图 5-7 为裂隙单元和均质煤岩体单元的生产速率以及两者的比值。在整个注气开采过程中,采气井中的煤层气来源于相邻的裂隙单元和均质煤岩体单元,且裂隙单元流至井口的速度较快。由图 5-7 可知裂隙单元 F2 和煤岩体单元 C2 的最大生产速率分别为 1.48 kg/s 和 1.48×10^{-2} kg/s,二者的比值为 100,这与两者的初始渗透率比值($k_f/k_c=100$)一致。随后,CO_2 充分吸附于孔隙煤壁并稳定流动,注气速率随之减小至 5.36×10^{-3} kg/s 和 5.36×10^{-4} kg/s。

图 5-8 为注气井附近裂隙单元 F1 和煤岩体单元 C1 的孔隙压力、温度和 CO_2 质量分数随时间的变化曲线。由图 5-8(a)可知,由于裂隙单元和煤岩体单元与注气井口相邻,因此两者的孔隙压力随时间变化趋势和数值基本一致。由于模型不考虑裂隙单元的吸附性,且煤岩体单元对 CO_2 具有较强的吸附性,所以 CO_2 能够快速代替 CH_4 储存于煤岩基质中[图 5-8(c)],从而促使煤岩体能够迅速达到峰值[图 5-8(b)]。

注气井附近裂隙单元、煤岩体单元的最大、最小总应力和有效应力变化曲线如图 5-9 所

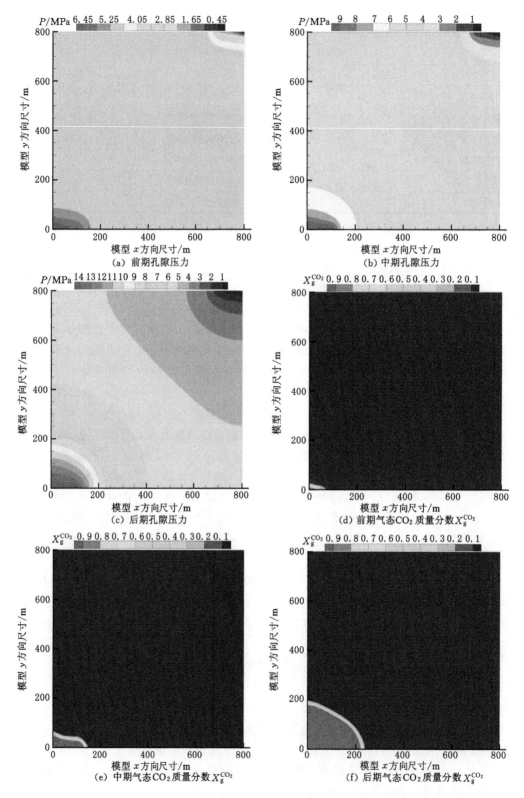

图 5-5　注气开采前期(10 d)、中期(100 d)和后期(1 a)孔隙压力和气态 CO_2 质量分数 $X_g^{CO_2}$ 的分布图

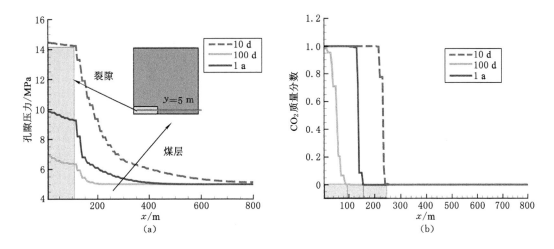

图 5-6 注气开采前期、中期和后期孔隙压力和 CO_2 质量分数沿水平监测线($y=5$ m)的分布

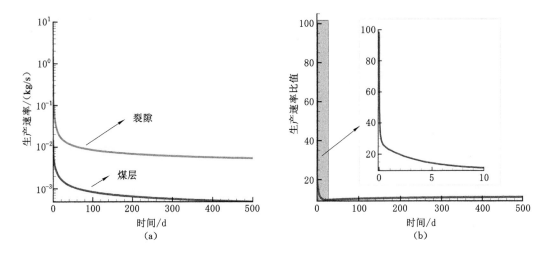

图 5-7 裂隙单元和均质煤岩体单元的生产速率以及两者比值

示。由图 5-9(a)可知,C1 和 F1 的应力变化趋势相类似,先上升再保持平稳。本节中,初始最大主应力 σ_1 为垂直方向,等于 σ_z,且设为应力边界条件。因此,影响 C1 的第一主应力变化的主要因素是热膨胀和吸附膨胀/解吸收缩;F1 的第一主应力变化仅受温度的影响。注气 50 d 后,由图 5-8(b)可知,C1 和 F1 的温度大约为 44 ℃,变化量为 14 ℃。

C1 和 F1 的弹性模量分别为 3.0 GPa 和 2.83 GPa,泊松比都为 0.3,可计算出相应的体积模量为 2.500 GPa 和 2.358 GPa。假设 C1 和 F1 单元四周固定,可计算出温度引起应力变化的最大值分别为 3.465 GPa 和 3.268 GPa。由于 C1 考虑吸附引起的应力变化,使得 C1 的 σ_1 变化量大于 F1 的。根据力学平衡方程和边界条件,可得出相应 σ_3 的变化曲线。根据多孔弹性理论,计算出最大有效应力和最小有效应力。如图 5-9(b)所示,与总应力变化趋势不同,在孔压不断增大的影响下,最大有效应力和最小有效应力整体呈现下降趋势。

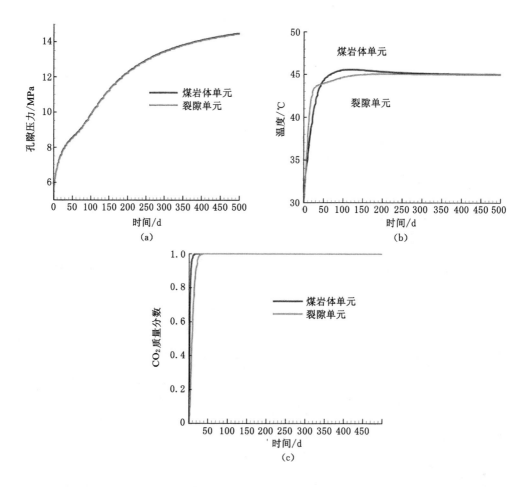

图 5-8 注气井附近裂隙单元的和煤岩体单元的孔隙压力、温度和 CO_2 质量分数随时间的变化曲线

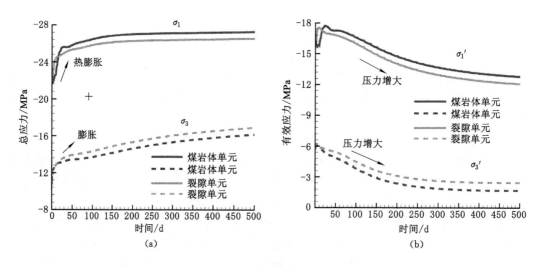

图 5-9 注气井附近裂隙单元的、煤岩体单元的最大、最小总应力和有效应力变化曲线

图 5-10 为生产井附近 C2 和 F2 的孔隙压力和气体饱和度的变化曲线。随着开采的进行,孔隙压力快速下降,且裂隙中具有较快的压降率,从而使得更多的煤层气流至生产井筒中,因此裂隙中气体饱和度变化也较为明显。

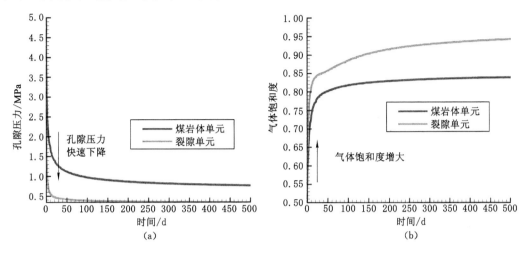

图 5-10 生产井附近 C2 和 F2 的孔隙压力和气体饱和度随时间的变化曲线

生产井附近裂隙单元和煤岩体单元最大、最小总应力和有效应力变化曲线如图 5-11 所示。在开采过程中,压力的降低将增加储层中的剪应力,从而引起最大和最小主应力之间的差值。剪应力的增加主要是因为不同方向的力学边界不同,压降引起应力变化量不同。由图 5-11(a)可知,裂隙单元中引起的剪应力增量更为明显。随后,由于孔压的降低,最大、最小有效应力快速上升然后基本保持稳定。

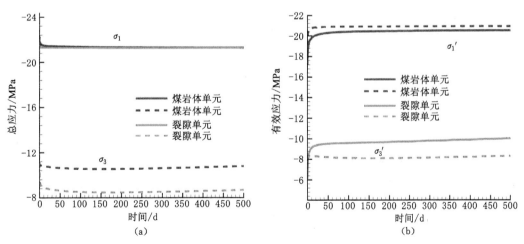

图 5-11 生产井附近裂隙单元和煤岩体单元最大、最小总应力和有效应力变化曲线

根据图 5-9(b)和图 5-11(b)中最大和最小有效应力,作出相应的应力路径图,如图 5-12 所示。初始时刻,为了确保 C1 和 F1 处于相对安全的状态(不发生损伤或破坏),假设煤岩和裂隙单元的内摩擦角为 50°。在注气 300 d 后,煤岩达到屈服状态。在整个注气过程中,裂隙单元都处于相对较安全的状态。两者应力状态的不同主要是因为煤岩体和裂隙由热和

吸附引起应力改变量的不同而引发的。图 5-12(b)为生产井附近裂隙单元 F2 和煤岩体单元 C2 应力路径图。在 500 d 的生产过程中,F2 和 C2 慢慢远离屈服面使得生产井附近处于相对安全的状态。

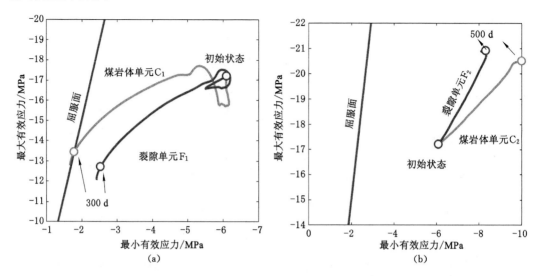

图 5-12　注气井附近裂隙单元 F1、煤岩体单元 C1 和生产井附近裂隙单元 F2、
煤岩体单元 C2 的应力路径图

5.5　二次压裂的影响

图 5-13 为水平应力 σ_x 分布图。由于裂隙单元的存在,井口位置 $\sigma_x(x,y)$ 状态在 x 和 y 方向变化迥异,导致应力方向改变,从而在井口附近有发生损伤或产生新裂隙的可能性,这个过程通常被称为二次压裂。本节将重点分析二次压裂对注气和开采效率的影响。

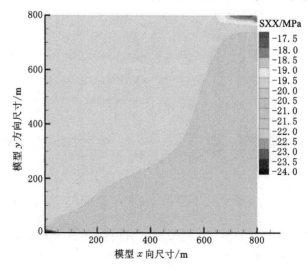

图 5-13　水平应力 σ_x 分布图

　　图 5-14 为二次压裂模型及初始应力条件,裂隙参数见表 5-1,其他参数见表 5-2。图 5-15 为二次压裂模型注气开采前期(10 d)、中期(100 d)和后期(1 a)孔隙压力和气态 CO_2 质量分数 $X_g^{CO_2}$ 的分布图。由图 5-15 可知,在注气井和生产井附近孔隙压力的变化较为明显。由于裂隙的孔隙率和渗透率较大,注气井口附近 CO_2 沿着裂隙向煤层内部延伸。

表 5-2　二次压裂模拟参数

参数	值	参数	值
初始孔隙率 ϕ_0/%	2.7	粉煤灰权重 w_a	0.156
初始渗透率 k_0/m^2	1.00×10^{-14}	残余液相饱和度 S_{lr}	0.0
煤岩弹性模量 E_r/GPa	3.0	饱和液相饱和度 S_{ls}	1.0
煤岩密度 ρ_r/(kg/m^3)	1 300	CH_4 朗缪尔压力常数 P_{LCH_4}/kPa	4 688.50
煤层热传导率/[W/(m・℃)]	2.51	CH_4 朗缪尔体积常数 V_{LCH_4}/(m^3/kg)	0.015 2
煤颗粒热/[J/(kg・℃)]	920	CH_4 朗缪尔应变常数 ε_{LCH_4}	0.006
热膨胀系数/℃$^{-1}$	3.3×10^{-5}	CO_2 朗缪尔压力常数 P_{LCO_2}/kPa	1 903
气相扩散系数/(m^2/s)	1.00×10^{-5}	CO_2 朗缪尔体积常数 V_{LCO_2}/(m^3/kg)	0.031 0
液相扩散系数/(m^2/s)	1.00×10^{-10}	CO_2 朗缪尔应变常数 ε_{LCO_2}	0.012

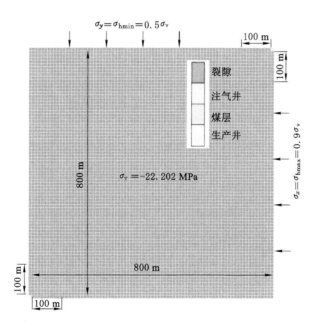

图 5-14　二次压裂模型及初始应力条件

　　图 5-16(a)为二次压裂和水力压裂中注气开采前期(10 d)、中期(100 d)、后期(1 a)孔隙压力和气态 CO_2 质量分数 x_{CO_2} 沿垂直监测线($x=2.5$ m)的分布图。由于大量 CO_2 吸附于井口位置,导致孔压在水力压裂中要大于二次压裂中的结果。随后,由于裂隙具有较高的渗透率,游离态的 CO_2 快速流至煤层内部,裂隙中的流体接近稳态,压降随之较低。

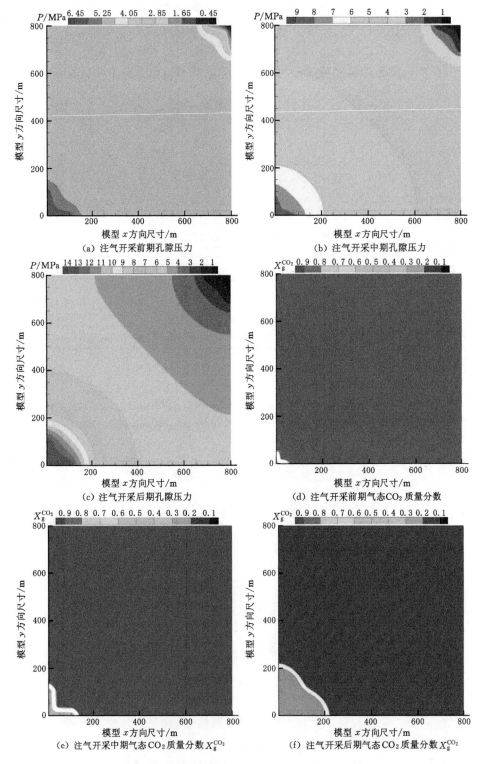

图 5-15　二次压裂模型注气开采前期(10 d)、中期(100 d)、后期(1 a)孔隙压力和
气态 CO_2 质量分数空间分布图

图 5-16(b)为二次压裂模拟中注气开采前期(10 d)、中期(100 d)、后期(1 a)气态 CO_2 质量分数 $X_g^{CO_2}$ 沿垂直监测线($x=2.5$ m)分布图。由于裂隙的渗透率和孔隙率相对较高,使得游离态的 CO_2 能够更加快速驱替煤层中的甲烷和水。注气前期、中期和后期,二次压裂的结果显示气态 CO_2 能够到达距井口 100 m、150 m、250 m 的位置。图 5-17 为二次压裂和参考模拟中,生产井煤层气的开采速率和开采量。保持其他参数不变,在整个开采过程中,二次裂隙产生的裂隙有助于提高煤层气的开采速率和开采量。开采量从水力压裂的 $4.0×10^4$ kg 提高至 $5.37×10^4$ kg,增幅近 32.5%。

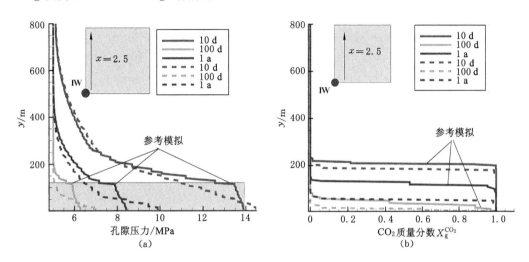

图 5-16 二次压裂和水力压裂模型中注气开采前期(10 d)、中期(100 d)、后期(1 a)孔隙压力和气态 CO_2 质量分数 $X_g^{CO_2}$ 沿垂直监测线($x=25$ m)的分布图

(实线为二次压裂,虚线为水力压裂)

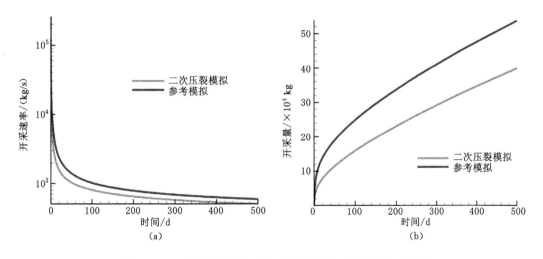

图 5-17 二次压裂模拟中生产井煤层气的开采速率和开采量

接下来讨论二次压裂产生的裂隙(简称二次裂隙)的长度和渗透率增加和减少 20% 对注气和开采的影响。裂隙长度基础值为 100 m,减小值和增大值分别为 80 m 和 120 m;渗

透率的基础值为 $1.0\times10^{-13}\ m^2$，减小值和增大值分别为 $8\times10^{-14}\ m^2$ 和 $1.2\times10^{-13}\ m^2$，其余参数保持不变。图 5-18 和图 5-19 分别是二次裂隙长度和渗透率对沿垂直监测线的气态 CO_2 质量分数 $X_g^{CO_2}$ 和孔隙压力的影响。图 5-20 是二次裂隙的长度和渗透率对煤层气开采量的影响。

由图 5-18 和图 5-19 可知，二次裂隙的长度和张开度的增加都有助于 CO_2 快速流至煤层中，有效降低井口附近的孔压。孔压的降低，将减小井口附近损伤或破坏发生的概率。由图 5-20 可知，二次裂隙长度变化 $\pm20\%$，裂隙煤层气的产量从基础模拟的 $5.37\times10^4\ kg$ 分别增加至 $5.54\times10^4\ kg$ 和减少至 $5.21\times10^4\ kg$，涨幅分别为 3.17% 和 -2.98%；当二次裂隙的渗透率增加和减少 20% 时，煤层气的开产量分别为 $5.43\times10^4\ kg$ 和 $5.30\times10^4\ kg$，涨幅分别为 1.12% 和 -1.30%。因此，与二次裂隙的渗透率对注气开采的影响相比较，二次裂隙的长度对注气开采的影响更为显著。在实际注气开采时，增大裂隙的密度和提高煤层的贯通性更有助于提高注气开采的效率。

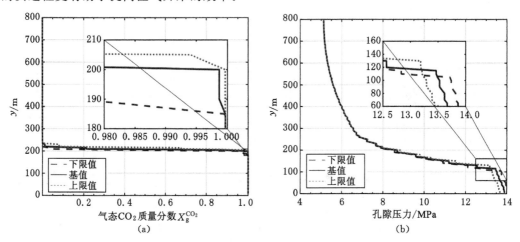

图 5-18　二次裂隙长度对沿垂直监测线气态 CO_2 质量分数 $X_g^{CO_2}$ 和孔隙压力的影响

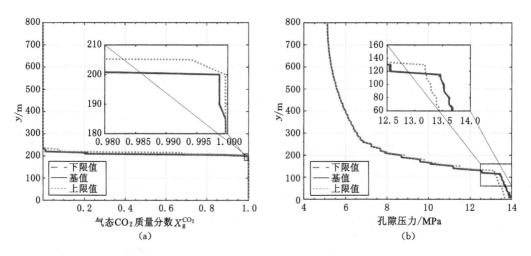

图 5-19　二次裂隙渗透率对沿垂直监测线气态 CO_2 质量分数 $X_g^{CO_2}$ 和孔隙压力的影响

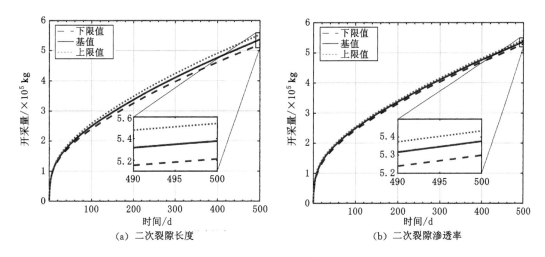

图 5-20　二次裂隙的长度和渗透率对煤层气的开采量的影响

5.6　本章小结

本章提出了一个基于裂隙三向平板简化的各向异性渗透率动态演化模型,结合均质渗透率模型,分析了水力压裂和二次压裂对注气开采的影响,主要结论如下:

(1)考虑了裂隙法向应力和剪胀效应对裂隙张开度的影响,建立了各向异性渗透率模型。利用等效连续方法换算裂隙弹性模量等基本力学参数。

(2)模拟结果显示,水力压裂和二次压裂有助于提高煤层的贯通性,从而有效提高注气的效率,使得 CO_2 快速流动和驱替 CH_4。同时,井口附近的孔隙压力得到有效抑制,减小了井口附近损伤或破坏发生的概率。

(3)水力压裂模拟结果表明,与生产井相邻的裂隙煤岩的最大开采速率是完整煤岩的100倍,两者分别为 1.48 kg/s 和 1.48×10^{-4} kg/s。二次压裂会进一步提高煤层气的开采速率,开采量从初次压裂的 4.00×10^5 kg 提高至 5.37×10^5 kg,增幅近 32.5%。

(4)除继续增裂外,增加裂隙长度也是二次压裂增大渗透率的重要方式。裂隙长度增加 20%,煤层气开采量提高 3.17% 左右。

6 注气开采诱发断层滑移和可靠性分析

6.1 引言

注气开采过程中,大量 CO_2 的注入和煤层气的开采将引起深部煤层应力状态发生改变。煤层的应力扰动将会诱发断层活化和引发裂隙扩展(或者闭合),导致气体逃逸、地下水被污染和流失以及地震活动。在 CO_2 地质封存项目中,注气诱发断层滑动和地震活动是关注的焦点[82]。目前的研究主要集中于 CO_2 注入盐水层引发微震活动(震级＜3)。研究结果表明,虽然地震级数较低,但是高频的微震同样会引起地质结构的损伤甚至破坏[107]。

断层区域由损伤区域和内嵌的断层内核组成。断层内核的渗透率较低。损伤区内部由于遍布大量的宏观裂隙,因此其渗透性较高。远离断层的注气开采区的岩石相对均匀[176-178],如图 6-1 所示[177]。

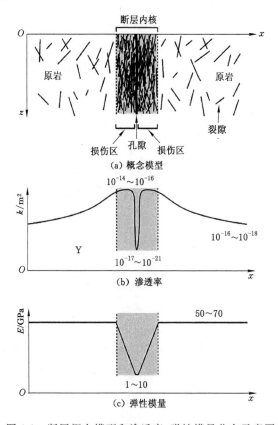

图 6-1 断层概念模型和渗透率、弹性模量分布示意图

本章针对地层中不同区域的岩石属性利用不同的渗透率模型模拟分析其内部的多场耦合行为。均质注气区符合第 3 章提出的均质渗透率演化模型。断层损伤区满足第 4 章提出的各向异性渗透率模型。断层内核的渗透率是正应力和塑性应变的函数。本章重点研究 CO_2-ECBM 过程中煤储层中断层的存在对开采注气的影响和分析注气开采诱发断层活化后的可靠性。

6.2 断层动态渗透率

假设断层孔隙率的改变由塑性变形引起,表达式如下[179]:

$$\begin{cases} \phi_{hm} = \phi_{fa0} + \Delta\phi_{fap} \\ \Delta\phi_{fap} = e_{ftp} + e_{fsp}\tan\psi \end{cases} \quad (6\text{-}1)$$

式中,ϕ_{fa0} 为断层初始孔隙率;$\Delta\phi_{fap}$ 为断层孔隙率改变量;e_{ftp},e_{ftp} 为单元受拉和受剪引起的塑性应变;ψ 为断层的剪胀角。

断层的渗透率与有效正应力和塑性变形具有如下非线性关系[178]:

$$\begin{cases} k_{fa} = k_{fa0}\left[\dfrac{a}{c(c\sigma_n'+1)}\sqrt{\dfrac{\phi_{fa0}}{12k_{fa0}}} + \dfrac{e_{ftp}+e_{fsp}\tan\psi}{\phi_{fa0}}\right] \\ a = K_n^{-1} \\ c = \dfrac{-1 \pm \sqrt{1+4\sigma_{n0}'a\sqrt{\phi_0/k_0}}}{2\sigma_{n0}'} \end{cases} \quad (6\text{-}2)$$

式中,a,c 为经验常数;K_n 为断层初始法向刚度;σ_{n0}' 为初始有效正应力;k_{fa0} 为断层初始渗透率。

耦合过程中除了孔隙率和渗透率变化以外,毛细压力的变化可通过式(3-14)计算。

6.3 注气开采断层滑移模型

图 6-2 为平移断层注气开采的地质 3D 模型。垂直方向的煤层厚度为 5 m,水平方向的区域为 8 km×4 km。模型中,断层与水平方向的夹角为 70°。断层内核和损伤区的水平宽度分别为 2 m 和 4 m。注气井的 CO_2 注入率为 8.0 kg/s,注入温度为 45 ℃。假设深部煤层的埋深为 1 500 m 和上层岩石平均密度为 2 260 kg/m³,可知煤层顶部垂直应力为 −35.05 MPa。平移断层的初始应力状态为 $\sigma_{hmax} > \sigma_v > \sigma_{hmin}$[179]。水平方向边界为固定约束。初始存储压力和温度分别为 18 MPa 和 30 ℃,初始煤层气饱和度为 0.408。CO_2 通过中间垂直井注入煤层。采气井口的温度和压力分别为 0.275 MPa 和 15 ℃。模拟时间设定为 500 d。模型中各区域渗透率模型的选取见表 6-1。数值模拟的煤层属性和裂隙参数分别见表 4-3 和表 5-1。断层的物理参数见表 6-2。

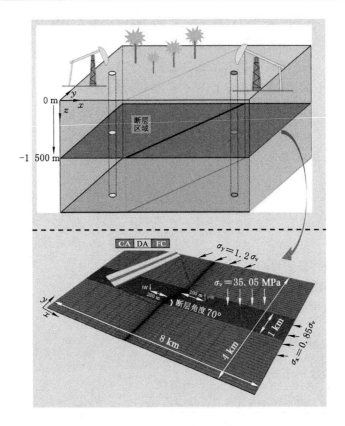

CA—煤层;DA—断层损伤区;FC—断层内核。

图 6-2　平移断层注气开采的地质 3D 模型

表 6-1　不同区域渗透率模型的选取

区域名称	孔隙率和渗透率模型
煤层(CA)	式(6-1)、式(6-2)
断层损伤区(DA)	式(5-11)、式(5-10)
断层内核(FC)	式(3-44)、式(3-46)

表 6-2　数值模拟中断层的物理参数

参数	值
断层初始渗透率k_{fa0}/m^2	1.00×10^{-10}
断层初始孔隙率ϕ_{fa0}	0.10
断层体积模量K_{fa0}/GPa	1.33
断层剪切模量G_{fa0}/GPa	0.80
断层刚度K_{sf}/GPa	5.00
内摩擦角$\varphi_{ff}/(°)$	31.00
抗拉强度σ_{tf}/GPa	1.00

　　FLAC3D 可以通过接触面、等效连续单元、含有节理弱面的固体单元来描述断层的力学行为[107]，如图 6-3 所示。如果断层的几何尺寸相对地质模型可忽略不计，此时可选择接触面表示法。等效连续单元和含有节理弱面的固体单元可以描述断层的弹性、弹塑性和黏塑性（蠕变）的力学行为，二者的不同之处是后者考虑了节理弱面的影响。本书中采用等效连续单元来描述断层。模型选择应变软化莫尔-库仑准则来描述断层活化瞬间引发的滑移。

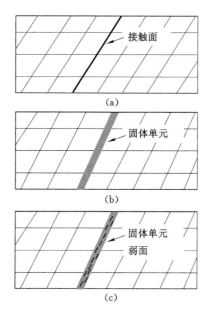

图 6-3　FLAC3D 中接触面、固体单元和含有弱面的固体单元的断层示意图

　　断层不稳定性根据莫尔-库仑准则进行判断，表达式如下：

$$\tau = C + \mu_s \sigma_n{}'　　　　　　　　(6\text{-}3)$$

式中，C 为内聚力；μ_s 为内摩擦系数；$\sigma_n{}'$ 为有效正应力，$\sigma_n{}' = \sigma_n + \alpha p$。

　　总正应力和剪应力表达式分别表示为：

$$\sigma_n = \frac{\sigma_1 + \sigma_3}{2} - \frac{\sigma_1 - \sigma_3}{2}\cos 2\vartheta　　　　　(6\text{-}4)$$

$$\tau = \frac{\sigma_1 - \sigma_3}{2}\sin 2\vartheta　　　　　　　(6\text{-}5)$$

　　应力莫尔圆以及孔压增加引起的应力改变如图 6-4 所示。

　　微震的量级和强烈程度与断层破裂区域和滑动的距离有关。微震的量级可根据如下公式计算：

$$M = \frac{2}{3}(\lg M_0 - 9.1)　　　　　　(6\text{-}6)$$

式中，M_0 为地震矩。

$$M_0 = GAd　　　　　　　　　(6\text{-}7)$$

式中，G 为断层刚度或者剪切模量；A 为断层破裂区域面积；d 为断层平均滑移距离。

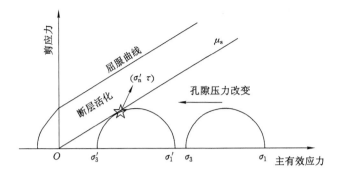

图 6-4　应力莫尔圆以及孔压增加引起的应力改变

6.4　模拟结果分析与讨论

图 6-5 为注气 100 d 和 500 d 孔隙压力和气态 CO_2 质量分数 $X_g^{CO_2}$ 空间分布图。随着注气的进行,煤层中的孔压不断上升且 CO_2 主要集中在注气井口附近。由于断层渗透率低,将抑制 CO_2 运移至断层的后面。

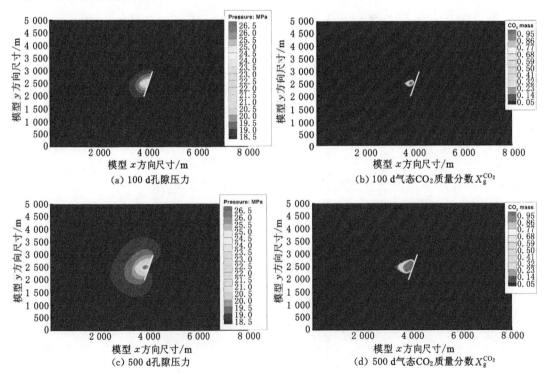

图 6-5　注气 100 d 和 500 d 的孔隙压力和气态 CO_2 质量分数 $X_g^{CO_2}$ 的空间分布图

由图 6-6 可知,注气 500 d,断层附近水平方向位移较为明显,大约有 1 m,主要是不断增加的孔压和断层活化引起的滑移量。图 6-7 为断层活化后产生的剪切塑性应变以及滑移长度沿断层分布图。注气 250 d 后,整个断层被活化,引发的最大塑性变形大约为 0.32 m。

距离断层底部约 250 m 处的滑移距离最为明显,约 0.7 m。

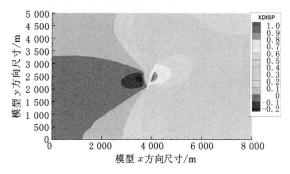

图 6-6 注气 500 d 的水平位移云图

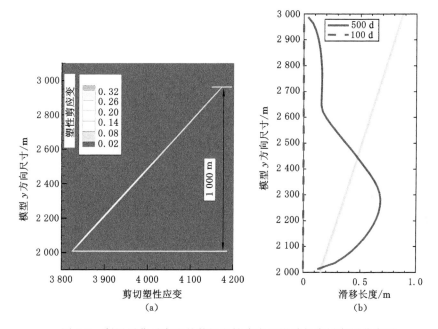

图 6-7 断层活化后产生的剪切塑性应变和滑移长度沿断层分布图

图 6-8 为断层监测点 P_1(中间位置),P_2(顶部)和 P_3(底部)处孔隙压力随时间的变化曲线。断层中间位置 P_1 处的孔隙压力变化尤为明显;P_2 和 P_3 处的孔隙压力变化相对平缓。注气 500 d,P_1,P_2 和 P_3 处的孔隙压力分别为 20.4 MPa、21.3 MPa 和 25.4 MPa。

图 6-9 为注气 100 d 和 500 d 孔隙压力、总正应力和有效正应力以及剪应力沿断层分布图。注气 100 d 和 500 d,孔隙压力在断层位置变化最大,分别增加 2.5 MPa 和 7.5 MPa。在断层活化之前(100 d),剪切应力的变化相对平稳,最大变化量为 1 MPa 左右。活化之后,整个断层的剪应力将下降大约 5 MPa。

由图 6-10 可知,在注气 250 d 之后,断层突然滑动。断层滑移几乎在瞬间发生,且会辐射地震波。随后,由于断层自身的抗震性,断层滑移位移变化相对平缓,最大值为 0.35 m。通过式(6-6)和式(6-7)可计算出在注气过程中产生的微震级,如图 6-10(b)所示。在整个注气过程中,微震级数整体呈现上升趋势且变化平缓,平均级数和最大级数分别为 3.559 1 和

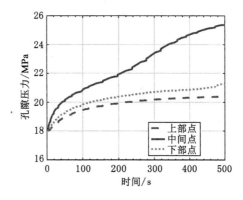

图 6-8　断层监测点 P_1、P_2 和 P_3 处孔隙压力随时间的变化曲线

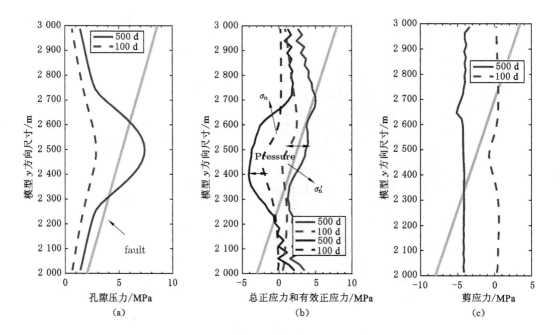

图 6-9　注气 100 d 和 500 d 孔隙压力、总正应力和有效正应力以及
剪应力沿断层分布图

3.579 6。

　　滑移峰值处的最小有效主应力和最大有效主应力的路径图如图 6-11 所示。注气 250 d 后,应力突降。在此之前,孔隙压力增加近 5 MPa,使得断层处孔压高达 23 MPa,略大于此时的最小有效主应力。压力的增加将会降低最大有效主应力和最小有效主应力,且最小有效主应力更为明显,这导致应力状态到达 $\sigma_1 = N_\phi^d \sigma_3$ 屈服面(蓝线段)。由式(6-5)可知,在此过程中剪应力不断增大。当应力状态到达 $\sigma_1 = N_\phi^d \sigma_3$ 屈服面,断层将活化,随之引起最大有效主应力下降 10 MPa 左右;而最小有效主应力增加 2 MPa 左右。由式(6-5)可计算出剪应力将下降−3.857 MPa 左右。注气后期,$\sigma_1{}'$ 和 $\sigma_3{}'$ 应力状态保持平衡,且满足 $\sigma_1 = N_\phi^d \sigma_3$。

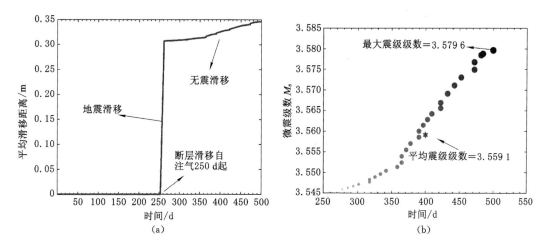

图 6-10 断层平均滑移和微震级数随时间的变化曲线

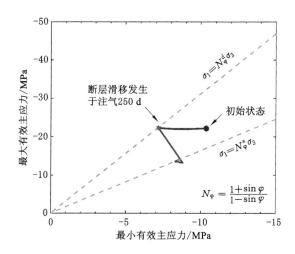

图 6-11 最小有效主应力和最大有效主应力的路径图

6.5 断层角度的影响

图 6-12 为断层角度对断层中间位置的孔隙压力和断层平均滑移距离的影响。图 6-13 为断层角度对断层活化产生的微震级数的影响。随着断层角度的增大,孔隙压力、平均滑移距离以及微震级数下降。如图 6-12(b)所示,当断层角度从 80°变化至 60°时最大滑移距离从 0.22 m 增加至 0.7 m。当断层角度为 60°时,注气 220 d 后,断层被活化;断层角度为 60°时,注气 320 d 才会引发断层滑移。主要原因是:当断层角度增大时,初始正应力将会增大,切应力将会降低。假设断层角度为 90°时,初始的切应力为 0 MPa。因此,较小的断层角度将会造成更为明显的剪切破坏,从而使断层滑移距离和相应的微震级数增大。

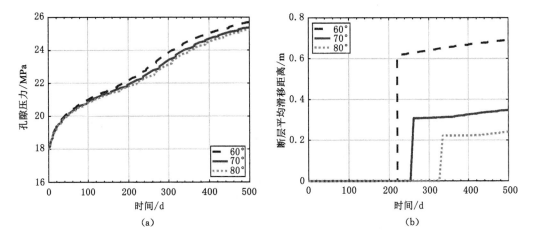

图 6-12　断层角度对断层中间位置的孔隙压力和断层平均滑移距离的影响

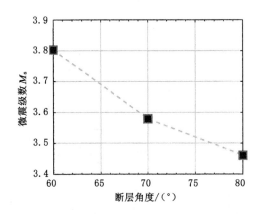

图 6-13　断层角度对断层活化产生的微震级数的影响

6.6　渗透率和初始正应力控制规律

　　图 6-14 为断层渗透率对断层中间位置的孔隙压力和断层平均滑移距离的影响。随着断层渗透率的增大,CO_2将容易摆脱断层限制,从而流体能够容易穿透断层,运移至断层后面的煤层中,因此断层中孔隙压力将会有所降低。较低的断层渗透率将会抑制流体的继续前进且改变流动方向,使得流体更倾向于沿着断层方向流动,断层面的剪应力增大,不但提前活化断层,而且增加滑移的距离。模拟结果表明,将渗透率从 10^{-19} m^2 提升至 10^{-14} m^2,断层开始滑移的时间将从注气第 250 d 增加至约 500 d;滑移距离从 0.35 m 下降至 0.26 m。断层活化引发的微震级数也从 3.580 降至 3.532(图 6-15)。

　　下面将讨论初始正应力的影响。为了便于分析,保持 y 方向和 z 方向的初始应力值不变,通过改变 x 方向的应力来讨论分析初始应力场的影响。具体模拟方案见表 6-3。图 6-16 为 z 方向和 x 方向应力的比值($\frac{\sigma_z}{\sigma_x}$),对断层中间位置的孔隙压力和断层平均滑移距离的影响。由图 6-16(a)可知,初始的应力状态对断层流动状态和孔隙压力的影响较小。但

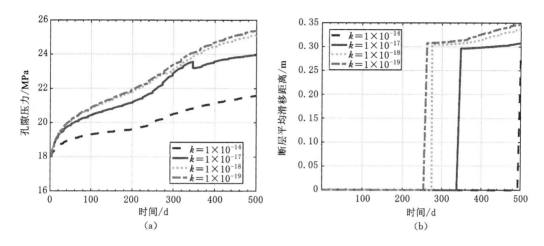

图 6-14 断层渗透率对断层中间位置的孔隙压力和断层平均滑移距离的影响

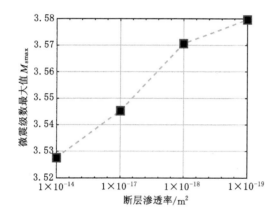

图 6-15 断层渗透率对断层活化产生的微震级数最大值的影响

图 6-16(b)和图 6-17 表明初始地应力对断层活化和诱发地震具有重要影响。模拟结果表明,当比值大于 0.9 时,整个注气期间断层没有发生滑移及对应的地震。当比值为 0.8 时,断层平均滑移距离的最大值为 0.62,注气 80 d 后诱发了近 3.8 级的地震。由于初始最大主应力 σ_y 保持不变,当比值增大时,则主应力 σ_x 增加,从而使初始应力状态远离屈服面,断层将处于相对稳定状态。换而言之,诱发此应力状态下的断层需要更大的孔隙压力改变量或者更长的注气时间。

表 6-3 初始应力模拟方案

σ_x	σ_y	σ_z/MPa
$0.80\,\sigma_z$	$1.2\,\sigma_z$	-33.256
$0.85\,\sigma_z$	$1.2\,\sigma_z$	-33.256
$0.90\,\sigma_z$	$1.2\,\sigma_z$	-33.256
$1.00\,\sigma_z$	$1.2\,\sigma_z$	-33.256

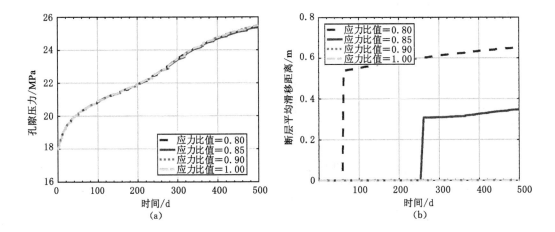

图 6-16　断层 z 方向和 x 方向应力比值 $\left(\dfrac{\sigma_z}{\sigma_x}\right)$ 对断层中间位置的

孔隙压力和断层平均滑移距离的影响

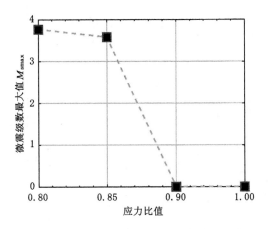

图 6-17　断层初始应力比值对断层活化产生的微震级数最大值的影响

6.7　注气开采的可靠性

本节将重点讨论注气和开采同时进行对断层活化和诱发地震的影响。如图 6-2 所示，注气井和生产井分别位于断层两侧，且距断层距离为 200 m。在注气开采过程中，生产井的压力、气体饱和度和温度恒定为 2.75 kPa、1 和 15 ℃。

图 6-18 为注气开采 500 d 的孔隙压力分布图。随着 CO_2 的不断注入和煤层气的不断开采，注气区域的压力会明显增大，开采区域的压力会明显减小。孔压的波动将会引起位移的变化。如图 6-19(a)所示，位移变化最大值发生在断层中间，大约为 1.2 m。模拟结果表明，注气 500 d，剪切塑性变形将遍布整个断层，表明整个断层被活化，从而引发相应滑移。最大剪切塑性变形量和最大滑移距离分别为 0.39 m 和 0.9 m［图 6-19(b)、图 6-19(c)］，均超过了上节中 CO_2 注入煤层中引起的塑性变形量(0.32 m)和滑移距离(0.7 m)。与仅将 CO_2 注

入煤层相比较,注气开采引起断层滑移的时间也提前至注气 66 d,平均滑移峰值也增大到 0.48 m,相应的最大地震级数高达 3.66。

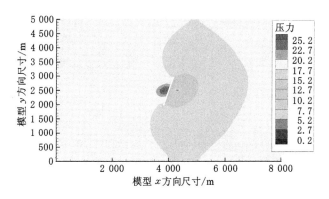

图 6-18 注气开采 500 d 的孔隙压力分布图

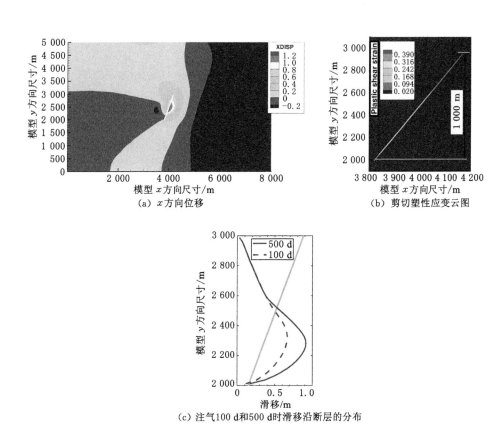

（a）x 方向位移

（b）剪切塑性应变云图

（c）注气100 d和500 d时滑移沿断层的分布

图 6-19 注气开采 500 d 的 x 方向位移、剪切塑性应变云图
以及注气 100 d 和 500 d 时滑移沿断层的分布

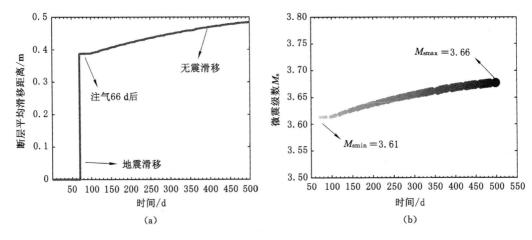

图 6-20　注气开采引发断层平均滑移距离和微震级数随时间的变化曲线

6.8　本章小结

本章模拟分析了 CO_2-ECBM 注气开采过程中地质断层对注气开采的影响以及注气开采是否会诱发断层活化,主要结论如下:

(1) 注气 250 d,由于孔压持续上升,将引发断层滑移,从而诱发微震。滑移是瞬时发生的,且以地震波形式向远处辐射。受断层自身约束影响,滑移位移变化最大值为 0.35 m,可以引发 3.38 级的微震。

(2) 随着断层角度减小,剪切破坏更加明显。当断层角度从 80°减小到 60°时,活化时间减少了 100 d,最大滑移距离将从 0.70 m 减少到 0.22 m,可以引发的最大微震从 3.80 级降至 3.48 级。

(3) 随着断层渗透率的增大,断层活化将提前,同时增加了滑移的距离。渗透率从 10^{-19} m² 提升至 10^{-14} m²,断层开始滑移的时间从注气第 250 d 增加至约第 500 d,滞后了 1 倍时间;滑移距离从 0.35 m 降至 0.26 m。断层活化引发的微震级数从 3.580 降至 3.532。

(4) 垂向应力与水平应力比值对断层流动状态和孔压的影响相对较小。当应力比值大于 0.9 时,整个注气过程中断层并未活化。诱发该应力状态下的断层需要更大的孔隙压力或者更长的注气时间。

(5) 与仅将 CO_2 注入煤层相比较,注气和开采同步进行时断层活化将明显提前,活化时间为注气 66 d,平均滑移峰值和地震级数分别增加至 0.48 m 和 3.66。

7 主 要 结 论

煤层气被认为是发展潜力巨大的新型洁净能源,可替代其他正不断减少的烃类资源。我国煤层气资源丰富,存储量高达 3.68×10^{13} m³,位居世界第三。《煤层气勘探开发行动计划》提出了煤层气开采目标为:到 2020 年,我国将新增煤层气探明地质储量 1×10^{12} m³,抽采量力争达到 4×10^{10} m³。因此,提高煤层气开采速率和产量是当前研究的重点。将 CO_2 注至煤层提高煤层气开采速率的方法在提高开采速率的同时可将温室气体 CO_2 封存于煤层,可谓一举两得。本书针对煤层气开采和 CO_2-ECBM 注气增采涉及的 M³ 问题(多相流、多组分气体和多物理场)开展了试验测试、理论分析和数值模拟系统研究,主要工作和结论如下:

利用自主研发的气体渗透率测试系统,试验测试了固定围压下煤样渗透率随孔压的变化规律。试验结果表明,煤样的渗透率随着孔压的增加呈现上升趋势,且试验测试数据与渗透率理论方程预测结果吻合较好。

(1) 设计了止水条类比注气相似模拟试验。模拟结果显示,距离注气井口越远,上覆岩层的变形量越小,且变形与距离成负指数关系。建立了应力依赖的动态渗透率和孔隙率演化方程,采用渗透率测试试验标定参数和动态渗透率方程更符合实际。数值模拟结果表明,盖层变形随位置的变化趋势与试验测试数据基本吻合。距离注气井越远,变形越小,一定距离后(试验中的 4 号位,距离井口 50 倍井径)的盖层变形基本为 0。

(2) 修正模拟软件 TOUGH2-7C(ECBM)的溶解度计算模块,并编写相应程序。进一步设计了 TOUGH-FLAC 集成计算模拟方法,开展注气开采流-固-热(THM)耦合分析。通过与常用煤层气商用软件对比分析,修正模块和集成算法,在常规求解中明显改善了计算效率和收敛性,集成算法在热耦合计算中具有独特优势。在煤岩固体变形基础上进一步考虑热应变和解吸/吸附变形的影响,并基于 FLAC3D 编程实施。TOUGH-FLAC 集成模拟器与商用软件 COMSOL 对比分析表明,集成模拟器可以进行常规煤层气开采的计算模拟,并在注气开采的流-固-热(THM)耦合分析中发挥独特优势。

(3) 在集成模拟器中嵌入常用煤岩渗透率模型 P&M、C&B、S&D 和本书动态模型 M&R 以开展恒温和非恒温注气开采模拟。四个模型的恒温模拟结果基本相似,注气井和生产井附近的渗透率曲线预测变化趋势基本一致。受水平有效应力和平均有效应力主控变量影响,S&D 模型预测渗透率值之间存在一定差异。只有 M&R 模型可以用于非等温注气开采模拟。模拟结果表明,注气井附近的孔隙压力、温度、液相饱和度和垂向位移随时间不断减小,生产井附近则相反,各变量整体呈上升趋势。注气井附近由于孔隙压力降低,水平方向和垂直方向有效应力随之增加,从而导致其应力状态远离屈服面,损伤破坏趋势减弱。恒温和非等温注气初期都容易造成注气井口损伤,温度效应则加剧损伤甚至引起井口煤岩体产生新的破裂,严重时会造成气体逃逸而影响注气效果,如裂隙和煤层、含水层连通,泄漏气体还将污染地下水源。因此,恒温、渐变准恒温是合理注气方式。控制参数敏感性分析表明,煤层渗透率是影响注气开采效率的首要控制参数,其他还包括煤层厚度、采区范围、储层压力和初始气体饱和度。

(4)考虑裂隙法向应力和剪胀效应对裂隙张开度的影响,建立各向异性渗透率模型。利用等效连续方法换算裂隙弹性模量等基本力学参数。模拟结果表明,水力压裂和二次压裂提升了煤层的通透性,从而有效提高注气效率,使得 CO_2 能够快速流动和驱替 CH_4。同时,注气井附件的孔压得到有效抑制,从而减小井口附近损伤或破坏发生的概率。压裂后,与生产井相邻的裂隙最大产气量是完整煤岩的 100 倍。二次压裂将进一步提高煤层气的开采效率,开采产量从初次压裂的 4.00×10^5 kg 增加至 5.37×10^5 kg,增幅达 32.5%。除继续增加裂隙外,增加裂隙长度也是二次压裂增大渗透率的重要方式,裂隙长度增加 20%,煤层气的开采量将提高 3.17% 左右。

(5)注气开采可能诱发断层滑移,并对储层可靠性产生威胁。基于断层动态渗透率模型,进行了注气开采诱发断层滑移和微震数值模拟。模拟结果表明,注气 250 d,由于孔压的持续上升,将引发断层滑移,诱发微震。滑移瞬间发生,且以地震波形式向远处辐射传递。受断层自身约束影响,目前滑移位移最大值为 0.35 m,可以引发 3.38 级的微震。断层角度和渗透率对断层活化有显著影响,断层角度降低,剪切破坏更加明显。断层角度从 $80°$ 降至 $60°$,活化时间减少 100 d,产生同样震级的最大滑移距离减少了近 70%。断层渗透率的增加可以使断层活化滞后,渗透率从 10^{-19} m^2 提升至 10^{-14} m^2,断层开始滑移的时间从注气第 250 d 延至约第 500 d,滞后了 1 倍时间。渗透率变化时产生同样震级的滑移距离相差不大,渗透率降低 5 个数量级引起的断层滑移距离改变量仅为断层角度减小 $20°$ 引起的 $\frac{1}{3}$。垂向应力与水平应力比值对断层流动状态和孔压的影响相对较小,当应力比值大于 0.9 时,整个注气过程中断层并未活化。与仅注入 CO_2 相比,注气和开采同时进行将明显使断层活化时间提前,建议注气一段时间后再进行煤层气的开采。

附　　录

附录 A　单轴应变情况下的渗透率方程推导

均质煤岩渗透率表达式为：

$$\frac{k}{k_0} = \left[\frac{\alpha}{\phi_0} + \frac{\phi_0 - \alpha}{\phi_0}\exp\left(-\frac{\Delta\sigma'}{K}\right)\right]^3 \quad\text{（A-1）}$$

假设煤层处于单轴应变和常储存压力下，因此水平方向应力为：

$$\sigma_x = \sigma_y = \frac{\nu}{1-\nu}\sigma_z - \frac{1-2\nu}{1-\nu}p - \frac{1-2\nu}{1-\nu}K\varepsilon_s \quad\text{（A-2）}$$

垂直方向应力为：

$$\sigma_z = p \quad\text{（A-3）}$$

将式（A-2）和式（A-3）代入式（A-1），可求出单轴应变情况下的渗透率的理论方程为：

$$k = k_0\left\{\frac{\alpha}{\phi_0} + \frac{\phi_0 - \alpha}{\phi_0}\exp\left[-\frac{1}{K}\frac{1+\nu}{3(1-\nu)}(p-p_0) + \frac{1}{K}\frac{2E}{9(1-\nu)}(\varepsilon_s - \varepsilon_{s0})\right]\right\}^3 \quad\text{（A-4）}$$

附录 B　CO_2注气增采数值模型及物理参数

图 B-1 为建立的 CO_2 煤层封存的几何模型。模型尺寸为 $100\ \text{m}\times200\ \text{m}$。模型左边、右边和底部边界为滚轴约束，上边界作用垂直方向的压力，重力加速度 g 取 $9.8\ \text{m/s}^2$。

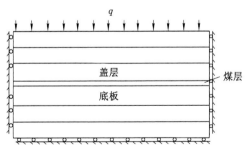

图 B-1　CO_2注气增采几何模型

CO_2从左侧边界注入，且注气压力为 32 MPa，煤层中初始 CO_2压力为 0.1 MPa。数值计算的网格划分如图 B-2 所示。模型的内边界均为可流动边界。在注气井口，为了提高计算模型的收敛性和准确性，设置每段边界划分的单元数量为 20 个。主要数值模拟物理参数见表 B-1。

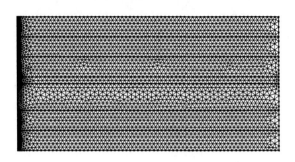

图 B-2　COMSOL 中网格划分示意图

表 B-1　主要数值模拟物理参数

参数	数值
封存环境初始孔隙率/%	0.804
煤的初始渗透率/m²	3.8×10^{-17}
岩层初始渗透率/m²	3.8×10^{-19}
煤层初始孔隙压力/MPa	0.1
CO_2 的动力黏度/(Pa·S)	1.372×10^{-5}
朗缪尔压力常数/MPa	6.109
朗缪尔体积常数/(m³/kg)	0.025 6
朗缪尔体应变	0.022 95
标准状态下 CO_2 的密度/(kg/m³)	1.98
煤基质的弹性模量/GPa	8.319

岩体物理参数见表 B-2。

表 B-2　岩体物理参数

岩层	弹性模量/GPa	泊松比	厚度/m	密度/(kg/m³)
盖层	25	0.350	15	2 720
煤层	2.713	0.339	5	1 500
底板	30	0.280	20	2 650

模拟中的固体变形方程和流体方程分别为式(B-1)和式(B-2)。

$$\sigma = \sigma' - \alpha I p = \boldsymbol{D} : \varepsilon^e - \alpha I p = \boldsymbol{D} : (\varepsilon - \varepsilon^s) - \alpha I p \tag{B-1}$$

$$\left\{ \varphi + \frac{\rho_c \, p_a \, V_L \, p_L}{(p + p_L)^2} + \frac{pS(\alpha - 1)}{K} \frac{\partial p}{\partial t} \right\} + \nabla \cdot \left(-\frac{k}{\mu} p \, \nabla p \right) = Q_s + \frac{pS}{K} \frac{\partial \sigma'}{\partial t} \tag{B-2}$$

式(B-2)中的变量 S 表达式为:

$$S = (\alpha_0 - \alpha) \exp \left\{ -\frac{1}{K} \left[(\sigma - \sigma') + (1 - \alpha)(p - p_0) \right] \right\} \tag{B-3}$$

参 考 文 献

[1] 国家发展和改革委员会. 煤层气（煤矿瓦斯）开发利用"十二五"规划[R/OL]. (2011-11-26)[2011-12-31]. http：//www. nea. gov. cn/2011-12/31/c_131337364. htm.

[2] MOORE TA. Coalbed methane：A review[J]. International journal of coal geology，2012,101(6)：36-81.

[3] 赵庆波,李五忠,孙粉锦. 中国煤层气分布特征及高产富集因素[J]. 石油学报,1997,18(4)：1-6.

[4] 石书灿,李玉魁,倪小明. 煤层气竖直压裂井与多分支水平井生产特征[J]. 西南石油大学学报,2009,31(1)：48-52.

[5] 席长丰,吴晓东,王新海. 多分支井注气开发煤层气模型[J]. 煤炭学报,2007,32(4)：402-406.

[6] MARICIC N,MOHAGHEGH S D,ARTUN E. A parametric study on the benefits of drilling horizontal and multilateral wells in coalbed methane reservoirs[J]. SPE reservoir evaluation & engineering,2008,11(6)：976-983.

[7] 张先敏. 复杂介质煤层气运移模型及数值模拟研究[D]. 东营：中国石油大学（华东）,2010.

[8] ELDER C H,DEUL M. Hydraulic stimulation increases degasification rateof coalbeds[M]. Washington：U. S. Department of the Interior,Bureau of Mines,1975.

[9] SAULSBERRY J L,SCHRAUFNAGEL R A,JONES A H. Fracture height growth and production from multiple reservoirs[C]//SPE Annual Technical Conference and Exhibition. Richardson：Society of Petroleum Engineers,1990.

[10] LEHMAN L V,BLAUCH M E,ROBERT LM. Desorption enhancement in fracture-stimulated coalbed methane wells[C]//SPE Eastern Regional Meeting. Richardson：Society of Petroleum Engineers,1998.

[11] 孟尚志,王竹平,鄢捷年. 钻井完井过程中煤层气储层伤害机理分析与控制措施[J]. 中国煤层气,2007,4(1)：34-36.

[12] 宋岩,张新民,柳少波. 中国煤层气基础研究和勘探开发技术新进展[J]. 天然气工业,2005,25(1)：1-7.

[13] CLOSE J C. Natural fractures in coal：Chapter 5[M]//Hydrocarbons from Coal. [S. l.]：[s. n.],1993：119-132.

[14] DAWSON G K W,ESTERLE JS. Controls on coal cleat spacing[J]. International journal of coal geology,2010,82(3-4)：213-218.

[15] RODRIGUES C F,LAIGINHAS C,FERNANDESM,et al. The coal cleat system：a

new approach to its study[J]. Journal of rock mechanics and geotechnical engineering,2014,6(3):208-218.

[16] NELSON C R,et al. Effects of geologic variables on cleat porosity trends in coalbed gas reservoirs[C]//SPE/CERI Gas Technology Symposium. Richardson: Society of Petroleum Engineers,2000.

[17] MCKEE C R,BUMB A C. Flow-testing coalbed methane production wells in the presence of water and gas[J]. SPE formation evaluation,1987,2(4):599-608.

[18] WANG GG X,ZHANG X D,WEI X R,et al. A review on transport of coal seam gas and its impact on coalbed methane recovery[J]. Frontiers of chemical science and engineering,2011,5(2):139-161.

[19] HARPALANI S,ZHAO X. Changes in flow behavior of coal with gas desorption [M]. Richardson:Society of Petroleum Engineers,1989.

[20] HARPALANI S,SCHRAUFNAGEL R A. Influence of matrix shrinkage and compressibility on gas production from coalbed methane reservoirs'[C]//SPE Annual Technical Conference and Exhibition. Richardson: Society of Petroleum Engineers,1990.

[21] HARPALANI S,CHEN G L. Influence of gas production induced volumetric strain on permeability of coal[J]. Geotechnical & geological engineering, 1997, 15 (4): 303-325.

[22] GU F,CHALATURNYK RJ. Numerical simulation of stress and strain due to gas sorption/desorption and their effects on in situ permeability of coalbeds[J]. Journal of canadian petroleum technology,2006,45(10):52-62.

[23] SEIDLE J P,JEANSONNE M W,ERICKSON D J. Application of matchstick geometry to stress dependent permeability in coals[C]//SPE Rocky Mountain Regional Meeting. Richardson:Society of Petroleum Engineers,1992.

[24] GRAYI. Reservoir engineering in coal seams:part 1-the physical process of gas storage and movement in coal seams[J]. SPE reservoir engineering,1987,2(1):28-34.

[25] SEIDLE J R,HUITT L G. Experimental measurement of coal matrix shrinkage due to gas desorption and implications for cleat permeability increases[C]//International Meeting on Petroleum Engineering. Richardson: Society of Petroleum Engineers,1995.

[26] PAN Z J,CONNELL L D. A theoretical model for gas adsorption-induced coal swelling[J]. International journal of coal geology,2007,69(4):243-252.

[27]PALMER I,MANSOORI J. How permeability depends on stress and pore pressure in coalbeds: A new model[J]. SPE Reservoir evaluation and engineering,1998,1(6): 539 -544.

[28] MOORE R,PALMER I,HIGGS N. Anisotropic model for permeability change in coalbed-methane wells[J]. SPE Reservoir evaluation & engineering,2015,18(4):456-462.

[29] GILMAN A,BECKIE R. Flow of coal-bed methane to a gallery[J]. Transport in porous media,2000,41(1):1-16.

[30] SHI J Q,DURUCAN S. Drawdown induced changes in permeability of coalbeds:a new interpretation of the reservoir response to primary recovery[J]. Transport in porous media,2004,56(1):1-16.

[31] CUI X J,BUSTIN R M. Volumetric strain associated with methane desorption and its impact on coalbed gas production from deep coal seams[J]. AAPG bulletin,2005,89 (9):1181-1202.

[32] ROBERTSON E P,CHRISTIANSEN R L. A permeability model for coal and other fractured,sorptive-elastic media[C]//SPE Eastern Regional Meeting. Richardson:Society of Petroleum Engineers,2006:11-13.

[33] CONNELL L D,LU M,PAN Z J. An analytical coal permeability model for tri-axial strain and stress conditions[J]. International journal of coal geology,2010,84(2): 103-114.

[34] LIU H H,RUTQVIST J. A new coal-permeability model:internal swelling stress and fracture-matrix interaction[J]. Transport in porous media,2010,82(1):157-171.

[35] LIU J S,WANG J G,CHEN ZW,et al. Impact of transition from local swelling to macro swelling on the evolution of coal permeability[J]. International journal of coal geology,2011,88(1):31-40.

[36] WANG G X,MASSAROTTO P,RUDOLPHV. An improved permeability model of coal for coalbed methane recovery and CO_2 geosequestration[J]. International journal of coal geology,2009,77(1-2):127-136.

[37] GU F G,CHALATURNYKR. Permeability and porosity models considering anisotropy and discontinuity of coalbeds and application in coupled simulation[J]. Journal of petroleum science and engineering,2010,74(3-4):113-131.

[38] STEVENS S H,KUUSKRAA J A,SCHRAUFNAGEL R A. Technology spurs growth of u. s . coalbed methane[J]. Oil and gas journal,1996,94(1):15-20.

[39] WHITE C M,SMITH D H,JONES K L,et al. Sequestration of carbon dioxide in coal with enhanced coalbed methane recovery A review[J]. Energy & fuels,2005,19(3): 659-724.

[40] SHI J Q,DURUCAN S. CO_2 storage in deep unminable coal seams[J]. Oil & gas science and technology,2005,60(3):547-558.

[41] STANTON R W,BURRUSS R C,Flores R M,et al. CO_2 adsorption in low-rank coals: Progress toward assessing the national capacity to store CO_2 in the subsurface [C]//AGU Spring Meeting Abstracts. [S. l.]:[s. n.],2001:572-573.

[42] PURI R,YEE D. Enhanced coalbed methane recovery[C]//SPE annual technical conference and exhibition. Richardson:Society of Petroleum Engineers,1990.

[43] ZAKKOUR P,HAINES M. Permitting issues for CO_2 capture,transport and geological storage:a review of Europe,USA,Canada and Australia[J]. International journal

of greenhouse gas control,2007,1(1):94-100.

[44] STEVENS S H,SPECTOR D,RIEMERP. Enhanced coalbed methane recovery using CO_2 injection:worldwide resource and CO_2 sequestration potential[C]//SPE international oil and gas conference and exhibition in China. Richardson:Society of Petroleum Engineers,1998.

[45] GENTZIST. Subsurface sequestration of carbon dioxide:an overview from an Alberta (Canada) perspective [J]. International journal of coal geology, 2000, 43 (1-4): 287-305.

[46] REEVES S,GONZALEZ R,HARPALANI S,et al. Results,status and future activities of the coal-seq consortium[J]. Energy procedia,2009,1(1):1719-1726.

[47] VAN BERGEN F, KRZYSTOLIK P, VAN WAGENINGENN, et al. Production of gas from coal seams in the Upper Silesian Coal Basin in Poland in the post-injection period of an ECBM pilot site[J]. International journal of coal geology,2009,77(1-2): 175-187.

[48] WONG S,LAW D,DENG XH,et al. Enhanced coalbed methane and CO_2 storage in anthracitic coals:micro-pilot test at South Qinshui, Shanxi, China[J]. International journal of greenhouse gas control,2007,1(2):215-222.

[49] WONG S,MACDONALD D,ANDREIS,et al. Conceptual economics of full scale enhanced coalbed methane production and CO_2 storage in anthracitic coals at South Qinshui basin,Shanxi,China[J]. International journal of coal geology,2010,82(3-4):280-286.

[50] 刘延锋,李小春,白冰,等. 中国 CO_2 煤层储存容量初步评价[J]. 岩石力学与工程学报, 2005,24(16):2947-2952.

[51] CONNELL L D,PAN Z,CAMILLERIM,et al. Description of a CO_2 enhanced coal bed methane field trial using a multi-lateral horizontal well[J]. International journal of greenhouse gas control,2014,26:204-219.

[52] LI X C,FANG ZM. Current status and technical challenges of CO_2 storage in coal seams and enhanced coalbed methane recovery:an overview[J]. International journal of coal science & technology,2014,1(1):93-102.

[53] YU H G,YUAN J,GUO WJ,et al. A preliminary laboratory experiment on coalbed methane displacement with carbon dioxide injection[J]. International journal of coal geology,2008,73(2):156-166.

[54] CUI X J,BUSTIN R M,CHIKATAMARLAL. Adsorption-induced coal swelling and stress:Implications for methane production and acid gas sequestration into coal seams [J]. Journal of geophysical research atmospheres,2007,112(B10):B10202.

[55] CUI X J,BUSTIN R M,DIPPLE G. Differential transport of CO_2 and CH_4 in coalbed aquifers: Implications for coalbed gas distribution and composition[J]. AAPG bulletin,2004,88(8):1149-1161.

[56] MAZUMDER S,WOLF K H. Differential swelling and permeability change of coal in

response to CO_2 injection for ECBM[C]//SPE Asia Pacific Oil and Gas Conference and Exhibition. Perth, Australia. Richardson: Society of Petroleum Engineers, 2008.

[57] BAE J S, BHATIA S K. High-pressure adsorption of methane and carbon dioxide on coal[J]. Energy & fuels, 2006, 20(6):2599-2607.

[58] JESSEN K, TANG G Q, KOVSCEK A R. Laboratory and simulation investigation of enhanced coalbed methane recovery by gas injection[J]. Transport in porous media, 2008, 73(2):141-159.

[59] MAZUMDER S, WOLF K H A A, HEMERTP, et al. Laboratory experiments on environmental friendly means to improve coalbed methane production by carbon dioxide/flue gas injection[J]. Transport in porous media, 2008, 75(1):63-92.

[60] PERERA M S A, RANJITH P G, VIETE D R, et al. Parameters influencing the flow performance of natural cleat systems in deep coal seams experiencing carbon dioxide injection and sequestration[J]. International Journal of coal geology, 2012, 104:96-106.

[61] LIN W J, TANG G Q, KOVSCEK A R. Sorption-induced permeability change of coal during gas-injection processes[J]. SPE reservoir evaluation & engineering, 2008, 11(4):792-802.

[62] PINI R, STORTI G, MAZZOTTI M. A model for enhanced coal bed methane recovery aimed at carbon dioxide storage[J]. Adsorption, 2011, 17(5):889-900.

[63] SETO C J, JESSEN K, ORR F M. Amulticomponent, two-phase-flow model for CO_2 storage and enhanced coalbed-methane recovery[J]. SPE journal, 2009, 14(1):30-40.

[64] SHI J Q, DURUCAN S, FUJIOKA M. A reservoir simulation study of CO_2 injection and N_2 flooding at the Ishikari coalfield CO_2 storage pilot project, Japan[J]. International journal of greenhouse gas control, 2008, 2(1):47-57.

[65] LIU G X, SMIRNOV A V. Carbon sequestration in coal-beds with structural deformation effects[J]. Energy conversion and management, 2009, 50(6):1586-1594.

[66] WEI X R, MASSAROTTO P, WANGG, et al. CO_2 sequestration in coals and enhanced coalbed methane recovery: New numerical approach[J]. Fuel, 2010, 89(5):1110-1118.

[67] ROSS H E, HAGIN P, ZOBACK M D. CO_2 storage and enhanced coalbed methane recovery: Reservoir characterization and fluid flow simulations of the Big George coal, Powder River Basin, Wyoming, USA[J]. International journal of greenhouse gas control, 2009, 3(6):773-786.

[68] KORRE A, SHI J Q, IMRIEC, et al. Coalbed methane reservoir data and simulator parameter uncertainty modelling for CO_2 storage performance assessment[J]. International journal of greenhouse gas control, 2007, 1(4):492-501.

[69] CONNELL L D, DETOURNAYC. Coupled flow and geomechanical processes during enhanced coal seam methane recovery through CO_2 sequestration[J]. International journal of coal geology, 2009, 77(1/2):222-233.

[70] SCHEPERS K C,OUDINOT A Y,RIPEPI N. Enhanced gas recovery and CO_2 storage in coalbed-methane reservoirs:optimized injected-gas composition for mature basins of various coal rank[C]//SPE International Conference on CO_2 Capture,Storage,and Utilization. New Orleans,Louisiana,USA. Richardson:Society of Petroleum Engineers,2010.

[71] BUSTIN R M,CUI X J,CHIKATAMARLA L. Impacts of volumetric strain on CO_2 sequestration in coals and enhanced CH_4 recovery[J]. AAPG bulletin,2008,92(1):15-29.

[72] DURUCAN S,SHI JQ. Improving the CO_2 well injectivity and enhanced coalbed methane production performance in coal seams[J]. International journal of coal geology,2009,77(1-2):214-221.

[73] OZDEMIRE. Modeling of coal bed methane (CBM) production and CO_2 sequestration in coal seams[J]. International journal of coal geology,2009,77(1-2):145-152.

[74] VISHAL V,SINGH L,PRADHAN SP,et al. Numerical modeling of Gondwana coal seams in India as coalbed methane reservoirs substituted for carbon dioxide sequestration[J]. Energy,2013,49:384-394.

[75] BROMHAL G S,NEAL SAMS W,JIKICH S,et al. Simulation of CO_2 sequestration in coal beds:The effects of sorption isotherms[J]. Chemical geology,2005,217(3-4):201-211.

[76] SYAHRIALE. Coalbed methane simulator development for improved recovery of coalbed methane and CO_2 sequestration[C]//2005 SPE Asia Pacific Oil and Gas Conference and Exhibition-Proceedings. [S. l.]:[s. n.],2005:253-266.

[77] SHI J Q,DURUCAN S. A model for changes in coalbed permeability during primary and enhanced methane recovery[J]. SPE reservoir evaluation & engineering,2005,8(4):291-299.

[78] GRIMM R P,ERIKSSON K A,RIPEPI N,et al. Seal evaluation and confinement screening criteria for beneficial carbon dioxide storage with enhanced coal bed methane recovery in the Pocahontas Basin,Virginia[J]. International journal of coal geology,2012,90-91:110-125.

[79] 许志刚,陈代钊,曾荣树,等. CO_2 地下地质埋存原理和条件[J]. 西南石油大学学报（自然科学版）,2009,31(1):91-97.

[80] MAZZOLDI A,HILL T,COLLS J J. CFD and Gaussian atmospheric dispersion models:a comparison for leak from carbon dioxide transportation and storage facilities [J]. Atmospheric environment,2008,42(34):8046-8054.

[81] MAZZOLDI A,HILL T,COLLS J. CO_2 transportation for carbon capture and storage:Sublimation of carbon dioxide from a dry ice bank[J]. International journal of greenhouse gas control,2008,2(2):210-218.

[82] MAZZOLDI A,HILL T,COLLS JJ. Assessing the risk for CO_2 transportation within CCS projects,CFD modelling[J]. International journal of greenhouse gas control,

2011,5(4):816-825.

[83] CARROLL S,HAO Y,AINES R. Transport and detection of carbon dioxide in dilute aquifers[J]. Energy procedia,2009,1(1):2111-2118.

[84] SMYTH R C, HOVORKA S D, LU J M, et al. Assessing risk to fresh water resources from long term CO_2 injection-laboratory and field studies[J]. Energy procedia,2009,1(1):1957-1964.

[85] BIRKHOLZER J T, NICOT J P, OLDENBURG C M, et al. Brine flow up a well caused by pressure perturbation from geologic carbon sequestration: Static and dynamic evaluations [J]. International journal of greenhouse gas control,2011,5(4): 850-861.

[86] BRANDT A R,HEATH G A,KORT EA,et al. Methane leaks from north American natural gas systems[J]. Science,2014,343(6172):733-735.

[87] VIETE D R,RANJITH P G. The effect of CO_2 on the geomechanical and permeability behaviour of brown coal: Implications for coal seam CO_2 sequestration [J]. International journal of coal geology,2006,66(3):204-216.

[88] MASOUDIAN M S,AIREY D W,EL-ZEIN A. A chemo-poro-mechanical model for sequestration of carbon dioxide in coalbeds[J]. Géotechnique,2013,63(3):235-243.

[89] MASOUDIAN M S, AIREY D W, EL-ZEIN A. Experimental investigations on the effect of CO_2 on mechanics of coal[J]. International journal of coal geology,2014,128-129:12-23.

[90] VIETE D R,RANJITH P G. The mechanical behaviour of coal with respect to CO_2 sequestration in deep coal seams[J]. Fuel,2007,86(17-18):2667-2671.

[91] HOL S,PEACH C J,SPIERS CJ. Applied stress reduces the CO_2 sorption capacity of coal[J]. International journal of Coal Geology,2011,85(1):128-142.

[92] LARSEN J W, FLOWERS R A, HALL P J, et al. Structural rearrangement of strained coals[J]. Energy & fuels,1997,11(5):998-1002.

[93] LARSEN JW. The effects of Dissolved CO_2 on coal structure and properties[J]. International journal of coal geology,2004,57(1):63-70.

[94] LIU C J,WANG G X,SANG SX,et al. Changes in pore structure of anthracite coal associated with CO_2 sequestration process[J]. Fuel,2010,89(10):2665-2672.

[95] SIRIWARDANE H,HALJASMAA I,MCLENDONR,et al. Influence of carbon dioxide on coal permeability determined by pressure transient methods[J]. International journal of coal geology,2009,77(1-2):109-118.

[96] ROHMER J,BOUC O. A response surfacemethodology to address uncertainties in cap rock failure assessment for CO_2 geological storage in deep aquifers[J]. International journal of greenhouse gas control,2010,4(2):198-208.

[97] SMITH J,DURUCAN S,KORREA,et al. Carbon dioxide storage risk assessment: Analysis of caprock fracture network connectivity[J]. International journal of greenhouse gas control,2011,5(2):226-240.

[98] RUTQVIST J,BIRKHOLZER J T,TSANG CF. Coupled reservoir - geomechanical analysis of the potential for tensile and shear failure associated with CO_2 injection in multilayered reservoir-caprock systems[J]. International journal of rock mechanics and mining sciences,2008,45(2):132-143.

[99] GOR G Y,ELLIOT T R,PRÉVOST JH. Effects of thermal stresses on caprock integrity during CO_2 storage[J]. International journal of greenhouse gas control,2013, 12:300-309.

[100] BAO J,XU Z J,LIN G,et al. Evaluating the impact of aquifer layer properties on geomechanical response during CO_2 geological sequestration[J]. Computers & geosciences,2013,54:28-37.

[101] HOU Z S,ROCKHOLD M L,MURRAY CJ. Evaluating the impact of caprock and reservoir properties on potential risk of CO_2 leakage after injection [J]. Environmental earth sciences,2012,66(8):2403-2415.

[102] GOODARZI S,SETTARI A,KEITHD. Geomechanical modeling for CO_2 storage in Nisku aquifer in Wabamun Lake area in Canada[J]. International journal of greenhouse gas control,2012,10:113-122.

[103] LI Z W,DONG M Z,LI SL,et al. CO_2 sequestration in depleted oil and gas reservoirs-caprock characterization and storage capacity[J]. Energy conversion and management,2006,47(11-12):1372-1382.

[104] FERRONATO M, GAMBOLATI G, JANNAC, et al. Geomechanical issues of anthropogenic CO_2 sequestration in exploited gas fields[J]. Energy conversion and management,2010,51(10):1918-1928.

[105] INUI M,SATO T. Experimental feasibility study on CO_2 sequestration in the form of hydrate under seafloor[C]//25th International Conference on Offshore Mechanics and Arctic Engineering.[S. l.]:[s. n.],2006.

[106] HOU Z M,GOU Y,TARONJ,et al. Thermo-hydro-mechanical modeling of carbon dioxide injection for enhanced gas-recovery (CO_2-EGR):a benchmarking study for code comparison[J]. Environmental earth sciences,2012,67(2):549-561.

[107] CAPPA F,RUTQVIST J. Modeling of coupled deformation and permeability evolution during fault reactivation induced by deep underground injection of CO_2 [J]. International journal of greenhouse gas control,2011,5(2):336-346.

[108] MAZZOLDI A,RINALDI A P,BORGIAA,et al. Induced seismicity within geological carbon sequestration projects:Maximum earthquake magnitude and leakage potential from undetected faults[J]. International journal of greenhouse gas control, 2012,10:434-442.

[109] RINALDI A P, RUTQVIST J, CAPPAF. Geomechanical effects on CO_2 leakage through fault zones during large-scale underground injection[J]. International journal of greenhouse gas control,2014,20:117-131.

[110] URPI L,RINALDI A P,RUTQVISTJ,et al. Dynamic simulation of CO_2-injection-

induced fault rupture with slip-rate dependent friction coefficient[J]. Geomechanics for energy and the environment,2016,7:47-65.

[111] NGUYEN B N,HOU Z S,BACON DH,et al. Three-dimensional modeling of the reactive transport of CO_2 and its impact on geomechanical properties of reservoir rocks and seals[J]. International journal of greenhouse gas control,2016,46:100-115.

[112] GAN Q,ELSWORTH D. Analysis of fluid injection-induced fault reactivation and seismic slip in geothermal reservoirs[J]. Journal of geophysical research:solid earth, 2014,119(4):3340-3353.

[113] TREMAIN C M,LAUBACH S E,WHITEHEAD H H. Coal fracture (cleat) patterns in upper cretaceous fruit land formation,San Juan basin. Colorado and new Mexico:implications for exploration and development [M]. [S. l.]:Rocky Mountain Association of Geologist,1991.

[114] MAVOR M J,PRATT T J,NELSON C R. Gas-in-place determination for coal gas reservoirs[J]. Fuel and energy abstracts,1999,40(2):116.

[115] NELSON C R. Effects ofcoalbed reservoir property analysis methods on gas-in-place estimates[C]//SPE Eastern Regional Meeting. Richardson:Society of Petroleum Engineers,1999.

[116] DALLEGGE T A,BARKER C E. Coal-bed methane gas in place resource estimates using sorption isotherms and burial history reconstruction:An example from theFerron sandstone member of the Mancos shale,Utah [M]. RESTON:U. S. Geological Survey,2000,

[117] SHUKLA R,RANJITH P,HAQUEA,et al. A review of studies on CO_2 sequestration and caprock integrity[J]. Fuel,2010,89(10):2651-2664.

[118] 韩东岳. CO_2埋存后逃逸与安全问题的数值预测[D]. 呼和浩特:内蒙古工业大学,2013.

[119] 赵阳升. 煤体-瓦斯耦合数学模型及数值解法[J]. 岩石力学与工程学报,1994,13(3):220-239.

[120] ZHAO Y S,JIN Z M,SUNJ. Mathematical model for coupled solid deformation and methane flow in coal seams[J]. Applied mathematical modelling,1994,18(6):328-333.

[121] 赵阳升,秦惠增,白其峥. 煤层瓦斯流动的固-气耦合数学模型及数值解法的研究[J]. 固体力学学报,1994(1):49-57.

[122] 梁冰,章梦涛,王泳嘉. 煤层瓦斯渗流与煤体变形的耦合数学模型及数值解法[J]. 岩石力学与工程学报,1996,15(2):135-142.

[123] 杨天鸿,陈仕阔,朱万成,等. 煤层瓦斯卸压抽放动态过程的气-固耦合模型研究[J]. 岩土力学,2010,31(7):2247-2252.

[124] ZHU W C,WEI C H,LIUJ,et al. Impact of gas adsorption induced coal matrix damage on the evolution of coal permeability[J]. Rock mechanics and rock engineering, 2013,46(6):1353-1366.

[125] 冯启言,周来,陈中伟,等. 煤层处置 CO_2 的二元气-固耦合数值模拟[J]. 高校地质学报,2009(1):63-68.

[126] 狄军贞,刘建军,殷志祥. 低渗透煤层气-水流固耦合数学模型及数值模拟 [J]. 岩石力学,2007(S1):231-235.

[127] 陈俊国. 煤层气储层孔裂隙多尺度渗透率预测和流固耦合模型[D]. 徐州:中国矿业大学,2016.

[128] WEI Z J,ZHANG DX. Coupled fluid-flow and geomechanics for triple-porosity/dual-permeability modeling of coalbed methane recovery[J]. International journal of rock mechanics and mining sciences,2010,47(8):1242-1253.

[129] 张东晓,杨婷云,吴天昊,等. 页岩气开发机理和关键问题[J]. 科学通报,2016(1):62-71.

[130] LI S B,LI X,ZHANG D X. A fully coupled thermo-hydro-mechanical,three-dimensional model for hydraulic stimulation treatments[J]. Journal of natural gas science and engineering,2016,34:64-84.

[131] LAW D H S,VAN DER MEER L G H,GUNTER WD. Numerical simulator comparison study for enhanced coalbed methane recovery processes,part I:pure carbon dioxide injection[C]//SPE Gas Technology Symposium. Richardson:Society of Petroleum Engineers,2002.

[132] LAW D H S,MEER L G H V D,GUNTER W D. Comparison of numerical simulators for greenhouse gas storage in coal beds,part ii:Flue gas injection [C]//Greenhouse Gas control technologiew-6th international conference. [S. l.]:[s. n].,2003,1:563-568.

[133] GUIDE S. Advanced process and thermal reservoir simulator [M]. Alberta:Computer Modelling Group Ltd.,2002.

[134] GEOQUEST,Schlumberger. ECLIPSE reservoir simulator software[R]. Houston:Schlumberger,2014.

[135] PRUESS K,OLDENBURG C M,MORIDIS G J. TOUGH2 user's guide version 2 [R]. [S. l.]:Office of Scientific and Technical Information (OSTI),1999.

[136] OLDENBURG C M,PRUESS K,BENSON SM. Process modeling of CO_2 Injection into natural gas reservoirs for carbon sequestration and enhanced gas recovery[J]. Energy & fuels,2001,15(2):293-298.

[137] OLDENBURG C M,BENSON S M. CO_2 injection for enhanced gas production and carbon sequestration[C]//SPE International Petroleum Conference and Exhibition in Mexico. Richardson:Society of Petroleum Engineers,2002.

[138] ZHU W C,LIUJ,SHENG J C,et al. Analysis of coupled gas flow and deformation process with desorption and Klinkenberg effects in coal seams[J]. International journal of rock mechanics and mining sciences,2007,44(7):971-980.

[139] WU Y,LIU J S,CHEN ZW,et al. A dual poroelastic model for CO_2-enhanced coalbed methane recovery[J]. International journal of coal geology, 2011, 86 (2-3):

177-189.

[140] WANG J G,KABIR A,LIU JS,et al. Effects of non-Darcy flow on the performance of coal seam gas wells[J]. International journal of coal geology,2012,93:62-74.

[141] CHEN Z W,LIU J S,KABIRA,et al. Impact of various parameters on the production of coalbed methane[J]. SPE journal,2013,18(5):910-923.

[142] WANG J G,JU Y,GAOF,et al. Effect of CO_2 sorption-induced anisotropic swelling on caprock sealing efficiency[J]. Journal of cleaner production,2015,103:685-695.

[143] MA T R,RUTQVIST J,OLDENBURG CM,et al. Fully coupled two-phase flow and poromechanics modeling of coalbed methane recovery:Impact of geomechanics on production rate[J]. Journal of natural gas science and engineering, 2017, 45: 474-486.

[144] 吴宇. 煤层中封存二氧化碳的双重孔隙力学效应研究[D]. 徐州:中国矿业大学,2010.

[145] RUTQVISTJ. Status of the TOUGH-FLAC simulator and recent applications related to coupled fluid flow and crustal deformations[J]. Computers & geosciences, 2011,37(6):739-750.

[146] RUTQVIST J,ZHENG L,CHENF,et al. Modeling of coupled thermo-hydro-mechanical processes with links to geochemistry associated with bentonite-backfilled repository tunnels in clay formations[J]. Rock mechanics and rock engineering, 2014,47(1):167-186.

[147] RUTQVIST J,MORIDIS G J,GROVERT,et al. Geomechanical response of permafrost-associated hydrate deposits to depressurization-induced gas production[J]. Journal of petroleum science and engineering,2009,67(1-2):1-12.

[148] RUTQVIST J,WU Y S,TSANG C F,et al. A modeling approach for analysis of coupled multiphase fluid flow,heat transfer,and deformation in fractured porous rock[J]. International journal of rock mechanics and mining sciences,2002,39(4): 429-442.

[149] RUTQVIST J,TSANG C F. TOUGH-FLAC:a numerical simulator for analysis of coupled thermal-hydrologic-mechanical processes in fractured and porous geological media under multiphase flow conditions[C]. San Francisco Bay Area :Proceedings of the TOUGH Symposium,2003.

[150] KIM J,MORIDIS GJ. Development of the T＋M coupled flow-geomechanical simulator to describe fracture propagation and coupled flow-thermal-geomechanical processes in tight/shale gas systems[J]. Computers & geosciences, 2013, 60: 184-198.

[151] PAN P Z,RUTQVIST J,FENG X T,et al. TOUGH-RDCA modeling of multiple fracture interactions in caprock during CO_2 injection into a deep brine aquifer[J]. Computers & geosciences,2014,65:24-36.

[152] ZHANG R L,WINTERFELD P H,YIN XL,et al. Sequentially coupled THMC model for CO_2 geological sequestration into a 2D heterogeneous saline aquifer[J].

Journal of natural gas science and engineering,2015,27:579-615.

[153] KIM K,RUTQVIST J,NAKAGAWA S,et al. TOUGH-RBSN simulator for hydraulic fracture propagation within fractured media:Model validations against laboratory experiments[J]. Computers & geosciences,2017,108:72-85.

[154] LEE J,MIN K B,RUTQVIST J,et al. TOUGH-UDEC simulator for the coupled thermal-hydraulic-mechanical analysis in fractured porous media [C]// ISRM International Symposium - 8th Asian Rock Mechanics Symposium. [S. l.]:International Society for Rock Mechanics and Rock Engineering,2014.

[155] LEE J,MIN K B,RUTQVIST J,et al. TOUGH-UDEC simulator for the coupled multiphase fluid flow,heat transfer,and deformation in fractured porous media [C]//13th ISRM International Congress of Rock Mechanics. [S. l.]:International Society for Rock Mechanics,2015.

[156] RUTQVISTJ. An overview of TOUGH-based geomechanics models[J]. Computers & geosciences,2017,108:56-63.

[157] TARON J,ELSWORTH D,MIN KB. Numerical simulation of thermal-hydrologic-mechanical-chemical processes in deformable,fractured porous media[J]. International journal of rock mechanics and mining sciences,2009,46(5):842-854.

[158] TARON J,ELSWORTHD. Coupled mechanical and chemical processes in engineered geothermal reservoirs with dynamic permeability[J]. International journal of rock mechanics and mining sciences,2010,47(8):1339-1348.

[159] KIM J. Sequential methods for coupledgeomechanics and multiphase flow[D]. Palo Alto:Stanford University,2010.

[160] BLANCO MARTÍN L,WOLTERS R,RUTQVISTJ,et al. Comparison of two simulators to investigate thermal-hydraulic-mechanical processes related to nuclear waste isolation in saliferous formations[J]. Computers and geotechnics,2015,66:219-229.

[161] BLANCO-MARTÍN L,WOLTERS R,RUTQVISTJ,et al. Thermal-hydraulic-mechanical modeling of a large-scale heater test to investigate rock salt and crushed salt behavior under repository conditions for heat-generating nuclear waste[J]. Computers and geotechnics,2016,77:120-133.

[162] BLANCO-MARTÍN L,RUTQVIST J,DOUGHTYC,et al. Coupled geomechanics and flow modeling of thermally induced compaction in heavy oil diatomite reservoirs under cyclic steaming[J]. Journal of petroleum science and engineering,2016,147:474-484.

[163] WEBB S W. EOS7C-ECBM version 1. 0:Additions for enhanced coal bed methane including the dusty gas model[R]. [S. l.]:[s. n.],2011.

[164] MA T R,RUTQVIST J,OLDENBURG CM,et al. Coupled thermal-hydrological-mechanical modeling of CO_2-enhanced coalbed methane recovery[J]. International journal of coal geology,2017,179:81-91.

[165] 王媛. 单裂隙面渗流与应力的耦合特性[J]. 岩石力学与工程学报,2002,21(1):83-87.

[166] GOODMAN R. The mechanical properties of joints[C]//Proc. 3rd Int. Congr. International Society of Rock Mechanics[S. l.]:[s. n.],1974:1-7.

[167] BAI M,MENG F,ELSWORTHD,et al. Analysis of stress-dependent permeability in nonorthogonal flow and deformation fields[J]. Rock mechanics and rock engineering,1999,32(3):195-219.

[168] ELSWORTHD. Thermal permeability enhancement of blocky rocks:One-dimensional flows[J]. International journal of rock mechanics and mining sciences & geomechanics abstracts,1989,26(3-4):329-339.

[169] GAN Q. Analysis of induced seismicity and heat transfer in geothermal reservoirs by coupled simulation[D]. StateCollege:The Pennsylvania State University,2015.

[170] FIGUEIREDO B,TSANG C F,RUTQVISTJ,et al. The effects of nearby fractures on hydraulically induced fracture propagation and permeability changes[J]. Engineering geology,2017,228:197-213.

[171] RAHMAN M K,JOARDER A H. Investigating production-induced stress change at fracture tips:Implications for a novel hydraulic fracturing technique[J]. Journal of petroleum science and engineering,2006,51(3-4):185-196.

[172] ROUSSEL N P,SHARMA MM. Role of stress reorientation in the success of refracture treatments in tight gas sands[J]. SPE production & operations,2012,27(4):346-355.

[173] SIEBRITS E,ELBEL J L,HOOVER R S,et al. Refracture reorientation enhances gas production in barnett shale tight gas wells[C]//SPE Annual Technical Conference and Exhibition. Richardson:Society of Petroleum Engineers,2000.

[174] ESHKALAK M O,AL-SHALABI E W,SANAEIA,et al. Enhanced gas recovery by CO_2 sequestration versus Re-fracturing treatment in unconventional shale gas reservoirs[C]//Abu Dhabi International Petroleum Exhibition and Conference. Richardson:Society of Petroleum Engineers,2014.

[175] ASALA H I,AHMADI M,TALEGHANI A D. Why Re-fracturing works and under what conditions[C]//SPE Annual Technical Conference and Exhibition. Richardson:Society of Petroleum Engineers,2016.

[176] FITZENZ D D,MILLER S A. Fault compaction and overpressured faults:results from a 3-D model of a ductile fault zone[J]. Geophysical journal international,2003,155(1):111-125.

[177] CAPPA F. Influence ofhydromechanical heterogeneities of fault zones on earthquake ruptures[J]. Geophysical journal international,2011,185(2):1049-1058.

[178] HSIUNG S M,CHOWDHURY A H,NATARAJA M S. Numerical simulation of thermal-mechanical processes observed at the Drift-Scale Heater Test at Yucca Mountain,Nevada, USA[J]. International journal of rock mechanics and mining sciences,2005,42(5):652-666.

[179] ZOBACK M D. Reservoir geomechanics[M]. Cambridge:Cambridge University Press,2007.